最初からそう教えてくれればいいのに！

図解! JavaScriptの

ツボとコツが ゼッタイに わかる本 「"超"入門編」

中田 亨 著

秀和システム

ダウンロードファイルについて

　本書での学習を始める前にサンプルファイル一式を、秀和システムのホームページから本書のサポートページへ移動し、ダウンロードしておいてください。ダウンロードファイルの内容は同梱の「はじめにお読みください.txt」に記載しております。

秀和システムのホームページ

　ホームページから本書のサポートページへ移動して、ダウンロードしてください。
　URL　https://www.shuwasystem.co.jp/

はじめに

　この本はJavaScriptをはじめて勉強する人のための『超』入門書です。未経験者や初心者を対象としています。文法の解説は、欲張って全てを網羅するのではなく、本の後半で取り扱うゲームを作るのに必要な内容を中心に、基本的なものだけを厳選しているので、最後まで楽しく飽きずに学んでいただけます。

● 必要な知識
　HTMLとCSSの基本的な知識があり、ネットなどで調べながら自分で解決できる人を想定しています。

● この本で学べること
　JavaScriptの基本的な文法と、簡単なブラウザゲームの作成を通じてプログラムを組み立てる手順が学べます。

● この本の特徴
　見慣れない専門用語や難解なコードでつまずかないように、イラスト図解をたくさん取り入れています。文章による解説も、なるべくわかりやすくてやさしい言葉で書いています。

● 今までの本と何が違うのか？
　初心者でも挫折することなく楽しく学べる点です。

● ES2015（ES6）という用語を知っている人へのお断り
　本書はJavaScriptに親しむ入口を提供することを重視しているため、ES6以降で登場した構文は一部分だけ取り入れています。

● どんな人におすすめ？
・プログラミングの未経験者。

・JavaScriptに興味のある人。

・プログラミングスクールを受講して挫折したことがある人。

・他の本で独学したけれどつまずいてしまった人。

・仕事でJavaScriptが必要なのでやさしい本を探している人。

・自分のペースで楽しく学習したい人。

・ゆくゆくはjQueryやPHPなども身に着けていきたい人。

● 本書の構成

全章を通じてわかりやすい図解を取り入れています。

前半はJavaScriptの基本的な文法を学んでいきます。

Chapter01…JavaScriptをはじめよう

Chapter02…データ型と演算子を学ぼう

Chapter03…配列を学ぼう

Chapter04…制御構文を学ぼう

Chapter05…関数を学ぼう

Chapter06…組み込みオブジェクトを学ぼう

Chapter07…JavaScriptでHTMLを書き換える方法を学ぼう

後半はブラウザで動くゲームを作っていきます。

Chapter08…ブラックジャックを作ろう(プログラムの基盤づくり)

Chapter09…ブラックジャックのプログラムを完成させよう

Chapter10…ブラックジャックを改良しよう

本書によってJavaScriptの魅力とプログラミングの楽しさが少しでも伝わり、学習のお役に立てれば幸いです。

中田　亨

本書の使い方

　本書で作成するブラウザゲーム「ブラックジャック」のプログラムは、秀和システムのサポートページからダウンロードできます。

秀和システムのホームページ

　ホームページからサポートページへ移動して、ダウンロードしてください。

【URL】

https://www.shuwasystem.co.jp/

ダウンロード可能なファイルの一覧

・Chapter08（完成前）…chapter08（完成前）のサンプルです。

・Chapter08（完成後）…chapter08（完成後）のサンプルです。

・Chapter09（完成後）…chapter09（完成後）のサンプルです。

・Chapter10（完成後）…chapter10（完成後）のサンプルです。

※サンプルの取り扱いに関しては、ダウンロードデータに含まれる「はじめにお読みください.txt」を参照してください。

ダウンロードファイルについて................2
秀和システムのホームページ................2

はじめに................................3
本書の使い方............................5
　秀和システムのホームページ............5
　ダウンロード可能なファイルの一覧........5

Chapter
01

JavaScriptを
はじめよう

01　JavaScriptとは？...........................18
　ブラウザで実行するスクリプト言語...........18
　JavaScriptはECMAScriptに準拠した言語の1つ....18

02　JavaScriptで何ができるの？.................20
　動きのあるウェブページが作れる...........20
　サーバーと通信できる.....................20
　アクセス解析ツールなどの設置ができる........22
　HTMLの階層構造(DOM)にアクセスできる........23

03　JavaScriptはどこに書くの？.................24
　JavaScriptを書く3つの場所...............24
　Column　コンソールを使う理由.....................27

04　従来の書き方と新しい書き方(ES5とES2015+)..28
　ES5とES2015+........................28
　文法の違い............................30
　ES5でプログラムに慣れてからES2015+を学ぼう....31

05　コンソールを起動してみよう！.............32
　ブラウザの開発ツールを起動しよう.........32

　　　　重要なタブ３つを見てみよう 32

06　JavaScriptで簡単な計算をしてみよう！ **34**
　　　　コンソールからコードを直接実行してみよう 34
　　　　JSファイルにコードを書いてみよう 34

07　JavaScriptで画面に文字を表示してみよう！ **36**
　　　　コンソールからコードを直接実行してみよう 36

08　JavaScriptを書く環境を準備しよう！ **38**
　　　　JavaScriptを書くエディターを入手しよう 38
　　　　Column　入力補助機能を利用しよう 44

Chapter
02

データ型と演算子を学ぼう

01　プログラムの一般的な仕組み **46**
　　　　自動販売機にたとえると… 46

02　変数と定数 **48**
　　　　変数を宣言する 48
　　　　変数は初期化してから使う 48
　　　　定数を宣言する 50
　　　　Column　予約語は使えない 51

03　データ型の種類 **52**
　　　　データ型とは？ 52
　　　　データ型の指定方法 53
　　　　数値型(Number：ナンバー) 54
　　　　文字列型(String：ストリング) 55
　　　　論理型(Boolean：ブーリアン) 56
　　　　オブジェクト型 57

04 演算子の種類 **58**
    JavaScriptの演算子 58
    文字列演算子 58
    算術演算子 60
    論理演算子 63
    代入演算子 64
    比較演算子 65
    Column　その他の演算子 65

05 コメント文の書き方 **66**
    コメントとは？ 66

06 命令文の終わりにセミコロンを忘れないで！ **68**
    命令文とは？ 68
    1つの命令文の終わりを示すセミコロン 68
    Column　セミコロンがいらないのはどんなとき？ 69
    Column　全角スペースはプログラムミス！ 70

配列を学ぼう

01 配列とは？ **72**
    配列は複数のデータを収納できる大きな箱 72

02 配列を宣言しよう！ **74**
    配列を宣言する 74
    配列を初期化する 74

03 配列の中身(配列要素)を取り出そう！ **76**
    要素番号を指定して取り出す 76

04 配列の中身(配列要素)を書き換えよう！ **78**
    要素番号を指定して書き換える 78

05 連想配列とは？ **82**
　　　配列の問題点 82
　　　連想配列 83
　　　連想配列の宣言と初期化 84

06 連想配列の中身（配列要素）を取り出そう！ **86**
　　　キーを指定して取り出す 86

07 連想配列の中身（配列要素）を書き換えよう！ **88**
　　　キーを指定して書き換える 88

08 配列の配列 **90**
　　　配列の中に配列を入れる 90
　　　Column　連想配列のキーは引用符で囲まなくていいの？ 92

Chapter

04 制御構文を学ぼう

01 条件分岐（もし〜なら〜する） **94**
　　　もし〜なら〜する（if） .94
　　　もし〜でないなら〜する（if 〜 else） 96
　　　もし〜ではなく〜なら〜する（if 〜 else if） 98

02 複数の条件分岐
　　（もしAなら〜する、Bなら〜する） **100**
　　　もしAなら〜する、Bなら〜する（switch） 100
　　　switch文の使用例 102

03 繰り返し（繰り返す回数が決まっている場合） . . .**104**
　　　指定した回数だけ繰り返す（for） 104

04 繰り返し（繰り返す回数が決まっていない場合） . .**108**

条件が成立する限り何回でも繰り返す(while)..... 108

05　制御構文の処理を途中で終了させる **112**
　　繰り返しを途中で終了させる(break) 112
　　負けが込むと相手が降参するジャンケン....... 114

06　制御構文の処理を途中でスキップさせる **116**
　　次の繰り返しまでジャンプする(continue) 116
　　Column　制御の範囲はインデントで「見える化」しよう!......... 118

Chapter 05　関数を学ぼう

01　関数とは? **120**
　　再利用可能な共通部品..................... 120

02　関数を作ってみよう! **122**
　　関数を定義する 122
　　関数を呼び出す 124

03　関数にデータを渡してみよう! **126**
　　呼び出し元からデータを受け取る 126
　　複数のデータを受け取る関数........... 128
　　配列を受け取る関数 129

04　関数の処理結果を受け取る **130**
　　処理の結果を返す関数................... 130
　　カードの合計を返す関数 132
　　Column　戻り値を返す関数と返さない関数の違い 133

05　変数のスコープ **134**
　　スコープとは? 134
　　ブロックスコープ 136
　　Column　関数オブジェクト............... 138

Chapter 06

組み込みオブジェクトを学ぼう

01　組み込みオブジェクトとは？ 140
　オブジェクトとクラス................. 140
　プロパティとメソッド................. 142
　組み込みオブジェクト................. 144

02　文字列オブジェクト（String） 146
　文字列オブジェクトを使う準備................. 146
　文字列オブジェクトのプロパティ................. 146
　文字列オブジェクトの主要メソッド................. 148

03　配列オブジェクト（Array） 152
　配列オブジェクトを使う準備................. 152
　配列オブジェクトのプロパティ................. 152
　配列オブジェクトの主要メソッド................. 153

04　日付オブジェクト（Date） 158
　日付オブジェクトを使う準備................. 158
　日付オブジェクトの主要メソッド................. 160
　Column　曜日を「日月火水木金土」で表示するには？................ 163

05　数学オブジェクト（Math） 164
　数学オブジェクトを使う準備................. 164
　数学オブジェクトのプロパティ................. 164
　数学オブジェクトのメソッド................. 166

06　Windowオブジェクト（Window） 170
　Windowオブジェクトを使う準備................. 170
　Windowオブジェクトのプロパティ................. 170
　Windowオブジェクトのプロパティ
　（内部オブジェクト）................. 172
　Windowオブジェクトのメソッド................. 174

Column　洗濯機クラスの作り方（発展）. 180

JavaScriptでHTMLを
書き換える方法を学ぼう

Chapter 07

01　HTMLタグのツリー構造とノード **182**
　　DOMとDocumentオブジェクト 182
　　HTMLElementオブジェクト 182

02　Documentオブジェクト **184**
　　Documentオブジェクトの役割 184
　　Documentオブジェクトのプロパティ 184
　　Documentオブジェクトのメソッド 185

03　NodeListオブジェクト **186**
　　NodeListオブジェクトとは？. 186
　　NodeListオブジェクトのプロパティ 186
　　NodeListオブジェクトのメソッド 186
　　Column　NodeListから「何番目」を取り出す2つの方法 187

04　HTMLElementオブジェクト **188**
　　HTMLElementオブジェクトのプロパティ. 188
　　HTMLElementオブジェクトのメソッド 190
　　HTMLElementオブジェクトの使い方 192

05　イベントを扱う **196**
　　イベントとは？ 196
　　イベントの発生を待ち受ける 196
　　イベントハンドラの使い方 198
　　Column　DOMの要素を取得する他の方法. 200

Chapter 08 ブラックジャックを作ろう（プログラムの基盤づくり）

01 ゲームのルール 202
　　ブラックジャックとは？ 202
　　本書だけの特別ルール....................202
　　ゲームの進み方 204
　　Column　イベントをきっかけに進むプログラム 204

02 プログラムの大まかな流れを考えよう........206
　　大きなプログラムを作り上げるコツ 206
　　大まかなフローチャート 208
　　日本語でプログラムを書く（コメントコーディング）. 210

03 「変数宣言」の処理を詳細化しよう 212
　　グローバル変数を決める 212

04 イベントハンドラの割り当て 214
　　利用するイベントは2種類.................214
　　メソッドの連鎖（メソッドチェーン）.........216

05 「初期表示」の処理を詳細化しよう 218
　　抜けている処理を追加しよう 218
　　シャッフルの処理を考えよう 219
　　自分がカードを引く処理を考えよう 220
　　相手がカードを引く処理を考えよう 222
　　画面を更新する処理を考えよう...........224
　　カードの絵を変更するには？ 226

06 「カードを引く」の処理を詳細化しよう........228
　　抜けている処理を追加しよう 228
　　処理は全部再利用しよう 229

07 「勝負する」の処理を詳細化しよう 230

抜けている処理を追加しよう 230
勝敗が決まったことを変数に記録しよう 232
勝敗を判定する処理を考えよう 234

08 「もう1回遊ぶ」の処理を詳細化しよう **236**
ゲームを最初の状態に戻すには？ 236
Column　デバッグ関数を作っておこう 237

09 日本語でプログラムの基盤を書こう **238**
サンプルデータをダウンロードしよう 238
日本語でプログラムを書いてみよう 240
Column　インデントの半角スペースを「見える化」しよう！ 244

Chapter
09

ブラックジャックの
プログラムを完成させよう

01 変数と関数の名前を決めよう **246**
プログラムらしい名前をつけよう 246

02 イベントハンドラの割り当て **250**
ボタンのセレクタを調べよう 250
ハンドラの名前を書き換えよう 250

03 イベント「初期表示」を完成させよう **252**
loadHandler関数を作ろう 252
Column　命令文の後ろのセミコロンは必要？ 252
shuffle関数を作ろう 254
pickMyCard関数とpickComCard関数を作ろう 256
pickAI関数を作ろう 258
getTotal関数を作ろう 260
updateView関数を作ろう 262
getCardPath関数を作ろう 266

04　イベント「カードを引く」を完成させよう......**268**
　　clickPickHandler関数を作ろう 268

05　イベント「勝負する」を完成させよう **270**
　　clickJudgeHandler関数を作ろう 270
　　judge関数を作ろう. 272
　　showResult関数を作ろう 274
　　Column　ifかswitchか？. 274

06　イベント「もう1回遊ぶ」を完成させよう **276**
　　clickResetHandler関数を作ろう 276
　　Column　リロードせずにゲームを初期化するには？ 277

07　デバッグ関数を作ろう. **278**
　　debug関数を作ろう 278
　　debug関数をイベントに仕掛けよう 278

08　完成したプログラムのコード **280**
　　sample.js の全コード 280

Chapter 10

ブラックジャックを改良しよう

01　もっと本格的なゲームにしよう **290**
　　もっと戦略性の高いルールにしよう 290

02　両者ともに21を超えるか同点ならあなたの負け　292
　　どの関数を変更するか？ 292

03　ディーラーだけのルール. **294**
　　どの関数を変更するか？ 294
　　思考実験をしよう 296
　　フローチャートを書けば解決が見える 298

　　　　繰り返しを利用する 300

04　勝負するまで相手のカードが見えない 302
　　　　どの関数を変更するか？ 302
　　　　updateView関数に引数を追加する 304
　　　　clickJudgeHandler関数に呼び出しを追加する 306
　　　　Column　引数のデフォルト値は何にすればよい？ 306
　　　　画面の更新が遅れてしまう？ 308
　　　　タイマーで勝敗の表示を遅らせよう 310

05　21を超えた時点で負け 312
　　　　どの関数を変更するか？ 312
　　　　clickPickHandler関数を変更しよう 312
　　　　いかさまジャック（おまけ） 314

おわりに 315

索引 316

Chapter

01

↓

JavaScriptを

はじめよう

JavaScript とは？

 ブラウザで実行するスクリプト言語

JavaScript（ジャバスクリプト）はプログラム言語のひとつで、**ブラウザで動作する**ことが最大の特徴です。いまやJavaScriptが使われていないウェブサイトを見つけるほうが難しいくらい普及しています。

また、JavaScriptはテキスト（文字）で書けるので、プログラミング用の無料エディター（P38で紹介します）を入手すれば、今日から早速はじめることができます。

 JavaScriptはECMAScriptに準拠した言語の1つ

JavaScriptは最初、旧Netscape社（1998年にAOLが買収）のブラウザで動く言語として誕生しましたが、その後さまざまなブラウザが登場して独自にJavaScriptを拡張したため、ブラウザ間の互換性の低さが問題視されました。そこで国際標準化団体のECMAがJavaScriptのコアな仕様を**ECMAScript（エクマスクリプト）**という名称で標準化し、今に至ります。

ECMAScriptに準拠した言語には、マイクロソフト製品上で動くJScriptや、アドビ製品上で動くExtendScript、グーグルのサービス

上で動く App Script など、JavaScript の「方言版」ともいえる言語があります。ベースである JavaScript に慣れておくと、これらを習得しやすくなります。

ECMAScript に準拠した代表的な言語

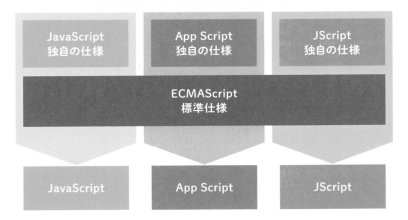

それぞれの言語は、標準仕様と独自仕様の2階建て構造になっているよ

JavaScriptで
何ができるの？

 動きのあるウェブページが作れる

　JavaScriptはブラウザで動作するので、ページに「動き」を与えることができます。自動で画像を切り替えたり、画像をクリックすると拡大したり、お問い合わせフォームに記入漏れがあるとメッセージを表示してユーザーに注意を促すなど、ページの見た目に何らかの変化を生み出す多くの仕掛けがJavaScriptで行われています。

サーバーと通信できる

　JavaScriptでサーバー上のファイルやデータに直接アクセスすることはできませんが、サーバーに要求（リクエスト）を送り、サーバーからの応答（レスポンス）を受け取ってページに反映することができます。

　たとえば地図・位置検索サービスのGoogle マップは、マウスで画面を動かすと次々とあたらしい範囲の地図が表示されます。その裏では、表示する範囲が変わるたびにJavaScriptのプログラムがサーバーと通信を行って、必要な範囲の地図をダウンロードして画面に表示しています。

JavaScriptが使われている場面

アクセス解析ツールなどの設置ができる

　アクセス解析のコードをウェブサイトに設置すると、ウェブサイトの詳しいアクセス情報（いつ、誰が、どのページに、何秒ぐらい、どこをクリックしたか、など）を専用の管理画面から見ることができます。

　このとき設置するコードはJavaScriptで書かれています。JavaScriptを使うと、ページのスクロールやボタンのクリックなど、ブラウザの中で何かが起こったタイミングを検知できます。そして、検知した情報はJavaScriptによってサーバーに送られ、サーバーに情報が記録されます。

　このように、ウェブサイトに設置するツールがサーバーと通信する場面でJavaScriptが使われています。

アクセス解析ツールの動作イメージ

```
<!-- Global site tag (gtag.js) - Google Analytics -->
<script async src="https://www.googletagmanager.com/gtag/js?id=XXXXXXXXX-X"></script>
<script>
 window.dataLayer = window.dataLayer || [];
 function gtag(){dataLayer.push(arguments);}
 gtag('js', new Date());

 gtag('config', 'UA-XXXXXXXXX-X');
</script>
```

HTMLの階層構造（DOM）にアクセスできる

　ウェブページを構成するHTMLタグは、ブラウザによってボックスと呼ばれる四角形の表示領域を与えられ、全てのウェブページはボックスの集まりとして表示されます。この様子を図であらわすと次のようになります。

HTMLタグのツリー構造

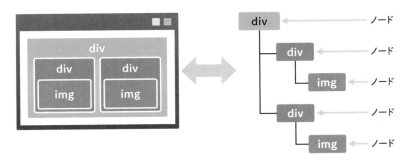

　HTMLタグのツリー構造を**DOM**（Document Object Model）と呼び、ツリーの節をノードと呼びます。JavaScriptを使うと、DOMにアクセスしてノードの追加・削除・移動・内容の書き換えなどの操作が行えます。P21のような動作の多くは、JavaScriptによるDOMアクセスが使われています。

JavaScriptは
どこに書くの？

JavaScriptを書く3つの場所

　JavaScriptのコードを書くことができる場所は、①HTMLファイルの中、②JSファイルの中、③ブラウザのコンソール、の3つがあります。

● HTMLファイルの中に書く

　HTMLファイルの中にJavaScriptのコードを書く場合は、コードの全体を\<script>と\</script>で囲みます。囲まずに書くと、ブラウザはJavaScriptのコードとして解釈することができないので、プログラムは動きません。

HTMLファイルの中に書く

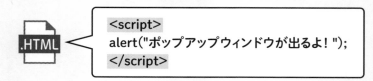

```
<script>
alert("ポップアップウィンドウが出るよ! ");
</script>
```

● JSファイルの中に書く

　JavaScriptのコードを書いたファイルを「〜〜 .js」という名前で保存すると、HTMLファイルからscriptタグで読み込むことができます。

JSファイルの中に書く

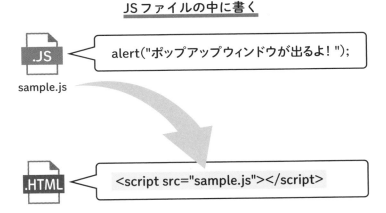

sample.js

alert("ポップアップウィンドウが出るよ! ");

<script src="sample.js"></script>

Point !
JSファイルに書くコードは<script></script>で囲んではいけません。
HTMLにscriptタグを書いた時点でブラウザにはそれがJavaScriptの
ファイルだとわかるからです。

🏐 ブラウザのコンソールに書く

　ブラウザのコンソール画面（Chromeの場合は F12 キーで起動します）に直接JavaScriptのコードを書くと、その場ですぐ実行されます。

ブラウザのコンソールに書く

　コンソールの使い方はP32で解説するので、ここでは「コンソールに直接JavaScriptのコードを書いて実行できる」ということだけ覚えておきましょう。

\Column/

コンソールを使う理由

　コンソール画面に書いたコードはどこにも保存されないので、ブラウザを閉じたりページを再読み込み（リロード）すると消えてしまいます。

　では、何のためにコンソールを使うかというと、「**プログラムが実行されている途中のデータを自分の目で確認できるから**」です。

　コンソールを使うと、JSファイルに書いたプログラムを任意の場所で一時停止させることができます。一時停止した状態でコンソールに「データを出力するコード」を書くと、その時点でのデータが表示されるので、想定どおりのデータになっているかどうかを確かめることができます。もし想定と違っていたら、プログラムの間違いは一時停止した場所よりも前にあったということがわかります。

　プログラムを一気に実行すると途中のどこに間違いがあるのかを見つけにくいですが、コンソールを使うと見つけやすくなります。プログラムは間違って当たり前です。**大事なのは、間違った場所を自分で特定する方法を身に着ける**ことです。

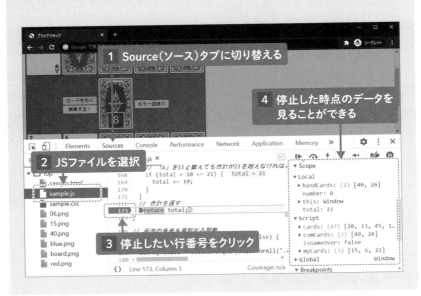

従来の書き方と新しい書き方（ES5とES2015+）

ES5とES2015+

JavaScriptの言語仕様であるECMAScript（P18参照）にはバージョンがあります。バージョン5まではES5のように番号を付けて呼ばれていましたが、バージョン6が登場した2015年からは毎年改訂されることになったため、発行年をつけてES2015のように呼ばれることが推奨されています。ES2015+はES2015以降の総称です。

本書執筆時点での最新版はES2020ですが、バージョン6のES2015で言語仕様が拡張され、特に文法（書き方の決まり）がES5に比べて大きく変わりました。

しかし、インターネットエクスプローラーなど一部のブラウザがES2015+に対応していないことから、JavaScriptを利用するウェブサイトやアプリでは、制作（開発）の段階ではES2015+の文法を使い、実際にサーバーに公開するときは全てのブラウザに対応しているES5（バージョン5）の文法に変換するのが一般的です。

この変換作業をトランスパイルといい、変換に使うツールをトランスパイラといいます。

ES5 と ES2015+

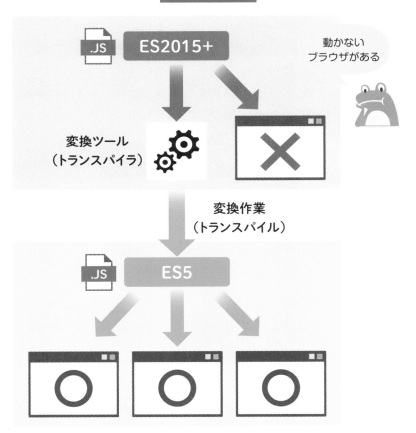

文法の違い

ES2015+ は開発効率が重要視されているため、長年親しまれてきたES5の書き方に比べて省略が多く、高度に抽象化された文法が多く取り入れられています。

少し先回りして、例を見ておきましょう。ひとかたまりの処理に名前をつけたものをプログラム用語で関数（function）と呼びますが、次の例は二つの数を足し算する関数です。

同じことをES5とES2015で書くと…

省略

```
// ES2015
const add = (a, b) => {
  return a + b;
};
```

新しい記号

```
// ES5
function add(a, b) {
  return a + b;
}
```

ES2015のほうが少しスッキリして見えますが、functionというキーワードが省略されているので、ES2015を書き慣れていないと、このコードが「addという名前の関数の定義」だということが直感的にわかりにくいかもしれません。

ES5でプログラムに慣れてからES2015+を学ぼう

　もちろん、ES2015+にはES5では使えなかった便利な拡張がたくさんあります。

　しかし、プログラミングの学習で最も大切なのは、どのようにコードを組み立て、どんな順番でコードを組み合わせると目的の動作になるのかを考え出せるようになることです。これをアルゴリズムといいますが、文法は、アルゴリズムを実際のコードに置き換える道具にすぎません。いくら新しい道具を持っていても、使い方が思いつかなければ役に立たないのと同じです。

　これからJavaScriptを学ぶ初心者がES2015+の文法から始めるのは、ガイドをつけずに登山するようなもので、道に迷ったら帰り道がわからなくなります。そのため、本書では、比較的抽象度の低いES2015+の文法は取り入れますが、初心者の理解の妨げになるような抽象度の高い文法はあえてES5を使って解説していきます。

　本書を終える頃には基本的なアルゴリズムが身についているので、ES2015+の解説書に進んでも行き詰ることは少なくなるでしょう。

コンソールを
起動してみよう！

 ブラウザの開発ツールを起動しよう

コンソールはブラウザの開発ツールに入っています。Chromeの場合は F12 キー、Safariの場合は ［環境設定＞詳細］の「メニューバーに開発メニューを表示」にチェックをつけてから Option + Command + I キーを押すと開発ツールが起動します。

機能的にはほぼ同じなので、本書ではChromeの開発ツールで解説していきます。

重要なタブ3つを見てみよう

開発ツールには多くの機能がついており、タブで画面を切り替えられるようになっています。

特に重要なタブは、HTMLのツリー構造を直接見ることができる Elements タブ、ページに読み込まれている JavaScript の任意の場所にブレークポイントと呼ばれるマークをつけて一時停止できる Sources タブ、そして JavaScript のコードを直接書いて即時実行（一時停止中にも実行可能）したり、JavaScript でコンソールに出力した内容が表示される Console タブの3つです。

中でも Console タブは、JavaScript の文法ミスや実行時のエラーを

表示してくれるので、間違った箇所や原因の特定に欠かすことのできない機能です。

Chromeの開発ツール

HTMLのツリー構造を確認できる

ソースコードを確認できる

任意の場所で一時停止できる

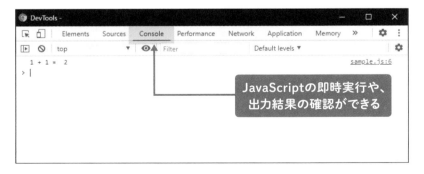

JavaScriptの即時実行や、出力結果の確認ができる

JavaScriptで簡単な計算をしてみよう!

コンソールからコードを直接実行してみよう

　開発ツールを起動してConsoleタブに切り替えましょう。三角の[>]マークがついている行をクリックすると、入力モードに変わるので、ここに半角文字で1+1と打ち込み、最後に Enter キーを押して実行してみましょう。

簡単な計算をしてみよう!

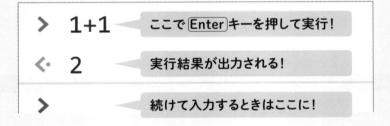

　コードを書いた下の行に計算結果が出力されれば成功です。

JSファイルにコードを書いてみよう

　今度はJSファイルにコードを書いて、HTMLから読み込んでみましょう。掛け算は*、割り算は/、余りは%を使います。

コンソールに計算結果を出力してみよう！

 sample.html

```html
<!DOCTYPE html>
<html lang="ja">
<head>
<meta charset="utf-8">
<title></title>
</head>
<body>
<script src="sample.js"></script>
</body>
</html>
```

 sample.js

```javascript
// 足し算
console.log(10+11);
// 引き算
console.log(21-10);
// 掛け算
console.log(13*4);
// 割り算
console.log(52/2);
// 割り算の余り
console.log(12%10);
```

21	10 + 11 = 21	sample.js:2
11	21−10 = 11	sample.js:4
52	13 × 4 = 52	sample.js:6
26	52 ÷ 2 = 26	sample.js:8
2	12 ÷ 10 の余り = 2	sample.js:10

>

コンソールに何かを出力するには以下の書式を使います。

書式

```
console.log(出力内容);
```

JavaScriptで画面に文字を表示してみよう！

コンソールからコードを直接実行してみよう

コンソールにdocument.writeln("Hello!")と打ち込み、最後に
Enter キーを押して実行してみましょう。writelnのlは小文字のL
（エル）です。

ブラウザに文字を書き込んでみよう！

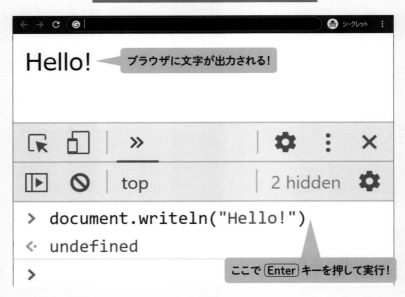

　ブラウザの画面に Hello! と出力されれば成功です。ここは通常、ウェブページが表示される場所ですが、JavaScript の命令を使うと文字や HTML タグをブラウザに直接書き込むことができます。

● document.writeln() って何？

　ここで使った document というのは、ブラウザに最初から組み込まれているプログラム部品（Chapter06 で詳しく学びます）のひとつで、ブラウザの表示内容（ドキュメント）を操作できるたくさんの機能を持っています。writeln() はその代表格で、()の中に指定した内容をブラウザに書き込むときに使います。

書式

```
document.writeln(出力内容);
```

　このとき、開発ツールを Elements タブに切り替えると、body タグの内側に文字が書き込まれていることが確認できます。

何が起こったのか？

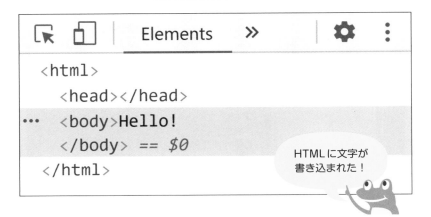

08

JavaScriptを書く環境を準備しよう！

🐸 JavaScriptを書くエディターを入手しよう

本書では、コードを書くときに便利な入力補助機能が備わっているテキストエディタ「Visual Studio Code」を使います。

● 【STEP1】パッケージのダウンロード

公式サイト（https://code.visualstudio.com/）を開きます。

Visual Studio Codeの公式サイト

パソコンのOSにあったパッケージを選択してダウンロードします。

●【STEP2】パッケージのインストール

　Windowsの場合は、ダウンロードしたインストーラーを起動し、画面の指示にしたがって進めていくとインストールが完了します。

パッケージを入手してインストール

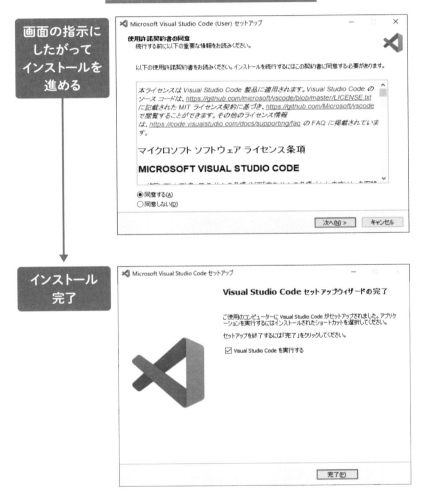

　Macの場合は、ダウンロードしたZIPファイルを解凍すると表示されるアイコンを「アプリケーション」に移動します。

●【STEP3】Visual Studio Codeの日本語化

Visual Studio Codeを起動したら、サイドメニューの■が並んだアイコンをクリックし、検索ボックスに「Japanese Language Pack」と打ち込みます。同じ名前の日本語化パックが検索結果に表示されるので、Installボタンを押してインストールします。

日本語化パックのインストール

　インストールが終わったら Visual Studio Code を再起動します。メニューなどが日本語になれば成功です。

日本語化された Visual Studio Code

画面が
日本語になった！

🍎【STEP4】ファイルを開く

本書の使い方（P5）を参考に、秀和システムのサポートページから
サンプルをダウンロードして解凍してください。

解凍したフォルダを［ファイル>フォルダーを開く］から選択する
とツリービューが表示され、その中から編集したいファイルをダブ
ルクリックすると、右側の画面で編集できます。

ファイルを開く

●【STEP5】新規ファイルの作成と保存

新しくファイルを作成するときは、［ファイル>新規作成］をクリックします。すると、右側の画面にUntitled-1（名前のないファイル）が作成されるので、ここで編集します。

編集したファイルを保存するときは、［ファイル>名前をつけて保存］または［ファイル>保存］をクリックします。

新規ファイルの作成と保存

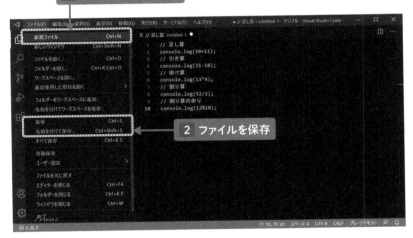

入力補助機能を利用しよう

　Visula Studio Codeには、パソコンに最初から入っている標準エディター
にはない強力な入力補助機能が備わっています。JavaScriptの構文であらか
じめ決まっている言葉は、最初の数文字を打ち込むだけで自動的に入力候補
が表示されるので、完璧に暗記していなくても正しい言葉を選ぶことができ
ます。

Visual Studio Codeの入力補助機能

```
20
21    // ページの読み...
22    window.add
23    ⬡ addEventList…    (method) addEventListener<K ex
24    [⊘] PaymentAddress
25    [⊘] AudioDestinationNode
26    [⊘] DOMQuad
27    [⊘] AudioNode
28    [⊘] MediaDeviceInfo
29    [⊘] MediaDevices
30    [⊘] AudioScheduledSourceNode
31    [⊘] DOMRectReadOnly
```

打ち込んだ文字を含むキーワードを
自動で表示してくれる

暗記がニガテな僕でも
できそうだ！

Chapter

02

データ型と演算子を

学ぼう

プログラムの
一般的な仕組み

 自動販売機にたとえると…

　全てのプログラムには入口と出口があり、その途中に何らかの処理
があります。自動販売機にたとえると、お金を投入するのが入口、商
品が出てくるのが出口です。入口と出口の間では、お釣りを計算した
り、選んだ商品を取り出し口へ落とすといった処理が行われます。

プログラムの流れ

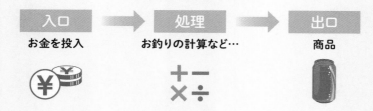

入口	処理	出口
お金を投入	お釣りの計算など…	商品

　お釣りが出てくるためには、ジュースの値段と投入された金額の
どちらが大きいかを比べたり、どの硬貨を何枚ずつ返却すればよい
のかをプログラムで計算しなければなりません。この流れを図にす
ると右ページのようになります。

自動販売機のプログラムのフローチャート

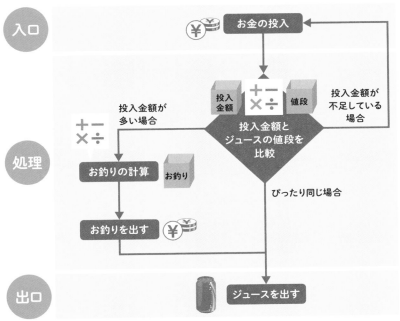

　プログラムの流れを図にしたものをフローチャートと呼びます。箱のイラストは、何度も参照するデータをプログラムに記憶させておくための入れ物をあらわし、プログラム用語で**変数（へんすう）**と呼びます。矢印はプログラムの制御の流れをあらわします。ひし形の◆マークはプログラムの流れが分岐する場面です。

変数と定数

 変数を宣言する

　さきほど見たように、変数はデータを保持しておく箱のようなものです。プログラムの中ではたくさんの箱を使うので、一つ一つの箱に名前をつけて区別できるようにしておく必要があります。

　そこで、JavaScriptで変数を使うときは、letというキーワードに続けて変数名（変数の名前）を書きます。letと変数名の間は半角のスペースで区切ります。

書式

```
let 変数名;
```

 変数は初期化してから使う

　変数を宣言すると、ブラウザはコンピューターのメモリーの中にデータを入れるための箱を用意してくれますが、箱の中は空っぽなので、そのままでは使えません。

　そのため、変数は宣言すると同時に初期値を入れておくのがプログラムのマナーとされています。変数にデータを入れることをプログラム用語で**代入**と呼び、次のように書きます。

書式

let 変数名 = 初期値；

　代入は＝（イコール）記号を使います。算数の＝は、＝の左辺と右辺が等しいという意味で使いますが、プログラムでは「右辺のデータを、左辺に入れる」ことを意味します。

何をやっているのかイメージしながら書く

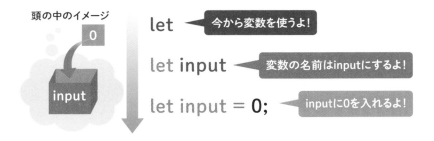

頭の中のイメージ

let　今から変数を使うよ！

let input　変数の名前はinputにするよ！

let input = 0;　inputに0を入れるよ！

Point！
書き方だけを覚えようとするのではなく、書こうとしているコードの意味を頭の中で声に出すことを心がけると、思い浮かんだことをコードに置き換える力が身に付きます。

定数を宣言する

　プログラムで扱うデータは、計算や代入によって中身が変わる**変数**と、プログラムの入口から出口までの間ずっと変わらない**定数**の2つに分類できます。

　自動販売機のプログラムでいうと、投入金額とお釣りの金額は変数です。150円のジュースを買うのに100円を2枚入れると、投入金額は100、200と変化し、お釣りも投入金額によって変化するからです。

　一方、ジュースの値段は（価格を変更しない限りは）固定なので、定数です。150円のジュースはプログラムの入口から出口までの間、変わることなくずっと150円です。

　もしもジュースの値段をletで変数として宣言した場合、うっかり変数名を見間違えて投入金額を代入してしまうと、値段が変わってしまうのでお釣りの計算結果がおかしくなります。そこで、JavaScriptで定数を使うときは、constというキーワードに続けて定数名（定数の名前）を書きます。

書式

```
const 定数名 ＝ 初期値；
```

　定数は、最初に初期値を代入したら変更できません。間違って再代入するとエラーが発生します。

定数はconstで宣言する

頭の中のイメージ

const ← 今から定数を使うよ!

const price ← 定数の名前はpriceにするよ!

const price = 150; ← priceに150を入れるよ!

\Column/

予約語は使えない

　プログラムの構文で決まっているキーワードを**予約語**と呼びます。予約語と同じ名前の変数や定数を宣言するとエラーになります。予約語には、すでに登場したletやconstのほか、この先のChapterで学ぶfor、switch、functionなどがあります。変数や定数に名前をつけるときは予約語を避けましょう。

データ型の種類

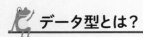 **データ型とは?**

　JavaScriptで扱うデータには、数値や文字列、日付などの種類があり、これを**データ型**と呼びます。データ型はプリミティブ型とオブジェクト型に分類されます。

JavaScriptのデータ型

分類	データ型	特徴
プリミティブ型	数値型(Number)	9007199254740991までの数値を表現できる
	文字列型(String)	テキストをあらわす連続した文字
	論理型(Boolean)	true(真)かfalse(偽)のどちらかをあらわす
	任意精度の整数型(BigInt)	数値型の最大値を超える大きな数値を表現できる
	undefined	データが割り当てられていない状態を示す値
	Symbol	固有の識別子をあらわす
オブジェクト型	Object	データとそのデータをやり取りする命令が入っている

　Chapter08から作成するゲームでは、数値型(Number)、文字列型(String)、論理型(Boolean)、オブジェクト型を中心に扱います。

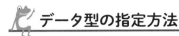

データ型の指定方法

　変数（または定数）のデータ型は、宣言した時点では決まっておらず、データを代入した時点で決まります。

　数値を代入すると数値型になり、文字の範囲を"（ダブルクォーテーション）または'（シングルクォーテーション）で囲ったものを代入すると文字列型になります。

```
const price = 150;              // 数値型のデータを代入
const name = "りんごジュース";      // 文字列型のデータを代入
```

　trueまたはfalseを代入すると論理型になり、newというキーワードをつけてオブジェクトの名前の後ろに()をつけたものを代入するとオブジェクト型になります。

```
let change = false;            // 論理型のデータを代入
let today = new Date();        // オブジェクト型のデータを代入
```

　では、これらのデータ型について例を見ていきましょう。

数値型（Number：ナンバー）

数値型は、正の数（13や52）、負の数（-1や-10）、0、そして小数（4.9や0.5）のデータです。数値型のデータ同士は、四則演算（足し算、引き算、掛け算、割り算）ができます。

ブラウザのコンソールに次のコードを打ち込んでください。コンソール内で改行するときは Shift + Enter キーを押します。

```
const price = 150;
let input = 200;
console.log(input - price);
```

50が出力されれば成功です。

数値の計算

```
> const price = 150;
  let input = 200;
  console.log(input - price);
  50
```

文字列型（String：ストリング）

テキストをあらわす連続した文字のことをプログラム用語で**文字列**と呼びます。文字列は"（ダブルクォーテーション）または'（シングルクォーテーション）で囲みます。文字列型のデータ同士は、数値型の足し算と同じ＋記号で連結できます。

ブラウザのコンソールに次のコードを打ち込んでください。

```
let name = "りんごジュース";
let message = 'お買い上げありがとうございました';
console.log(name + message);
```

文字列の連結

```
> const name = "りんごジュース";
  const message = 'お買い上げありがとうございました';
  console.log(name + message);
  りんごジュースお買い上げありがとうございました
```

論理型 （Boolean：ブーリアン）

　論理型は、計算式や大小比較の結果が正しいか正しくないかのどちらかをあらわすデータ型です。正しい場合のことをプログラム用語で**真（しん）**、正しくない場合のことを**偽（ぎ）**と呼ぶことから、**真偽値型**とも呼ばれます。真をあらわす値はtrue（トゥルー）と書き、偽をあらわす値はfalse（フォルス）と書きます。

　少しだけ先回りをして、「もしも〜〜だったら」という制御構文（Chapter04で学びます）を使った例を見ておきましょう。ブラウザのコンソールに次のコードを打ち込んでください。

```
// お釣りがあれば真、なければ偽
let otsuri = true;

// もしもお釣りがある場合はメッセージを出力する
if (otsuri) {
console.log("お釣りがあります");
}
```

　変数otsuriにtrueを代入した場合は「お釣りがあります」と出力されますが、otsuriにfalseを代入した場合は出力されません。

論理型の変数の使用例

```
> // お釣りがあれば真、なければ偽
  let otsuri = true;

  // もしもお釣りがある場合はメッセージを出力する
  if (otsuri) {
    console.log("お釣りがあります");
  }
```
お釣りがあります

オブジェクト型

　オブジェクトとは、データとそのデータを操作するための命令を
あわせ持つ特殊なデータ構造です。プリミティブ型の変数と違って、
1つのオブジェクトの中に複数のデータを持つことができます。オブ
ジェクト型を理解するには、Chapter05で学ぶ**関数**の理解が不可欠
なので、Chapter06で詳しく学びます。

演算子の種類

 JavaScriptの演算子

　演算子（えんざんし）とは、データの比較や計算を行うために使う特別な記号のことです。JavaScriptでよく使う基本の演算子は次の5つに分類されます。

よく使う5つの演算子

演算子の種類	いつ使う？
文字列演算子	文字列をつなげるとき
算術演算子	数値を計算するとき
論理演算子	「〜かつ〜」「〜または〜」を判定するとき
代入演算子	データを代入するとき
比較演算子	データを比較するとき

　簡単な例で説明していきますので、ブラウザのコンソールに打ち込んで体験してみましょう。体験が上達の最短コースです。

 文字列演算子

　文字列演算子は、文字列と文字列をつなげるときに使います。つなげる文字列と文字列の間に＋記号を書きます。見やすさのために、演算子の前後は半角スペースを入れておきましょう。

```
console.log("お釣りは" + "50円です。");
```

　全く同じことを変数を使って書くと、次のようになります。

```
let message1 = "お釣りは";
let message2 = "50円です。";
console.log(message1 + message2);
```

文字列をつなげる

◉変数を使わない場合

◉変数を使う場合

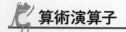

算術演算子は数値を計算するときに使います。

● 四則計算（足し算、引き算、掛け算、割り算）

足し算は＋、引き算は-、掛け算は×ではなく＊記号、割り算は÷ではなく／記号、余りを求めるときは％記号を使います。

```
console.log(10 + 11);    // 21 が出力される
console.log(21 - 15);    // 6 が出力される
console.log(10 * 2);     // 20 が出力される
console.log(20 / 2);     // 10 が出力される
console.log(53 % 10);    // 3 が出力される
```

● インクリメントとデクリメント

変数に代入した数値を1だけ増やすことをプログラム用語で**インクリメント**、1だけ減らすことを**デクリメント**と呼びます。

インクリメントは変数名の後ろに＋＋記号を書きます。

```
let count = 1;           // 初期値は 1
count++;                 // インクリメント
console.log(count);      // 2 が出力される
```

デクリメントは変数名の後ろに -- 記号を書きます。

```
let count = 1;        // 初期値は1
count--;              // デクリメント
console.log(count);   // 0が出力される
```

　変数countは最初に1を代入してから何も代入していないのに、どうして中身の数値が変わるのか疑問を感じるかもしれません。インクリメントを例に、実際はどういう仕組みなのかを図解します。

インクリメントの仕組み

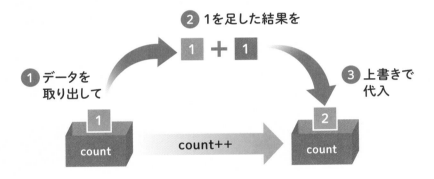

● 式と評価

　先ほどの図から、インクリメントとは、「変数に入っている数値を
いったん取り出して、1を足した計算結果を再び同じ変数に代入しな
おすこと」といいかえることができます。

　これを式を使って書くと次のようになります。

```
let count = 1;          // 初期値は1
count = count + 1;      // count は2になる
```

　算数の等式としては間違った記述ですが、プログラムとしては
正しい記述です。先ほどの図のように、プログラムでは右辺の
count+1 という**式**が先に計算され、それから、左辺に計算結果の2が
代入されます。つまり、右辺は2と書いているのと同じ意味になりま
す。

　プログラムで式を書いた場合、式が書いてある部分は「式を計算し
た結果」に置き換えられてから、左辺に代入されます。このイメージ
はプログラムを読み書きする上でとても重要です。

　また、式を計算することを「式を**評価**する」という言い方をします。

論理演算子

論理演算子は、変数や式を論理型（P56）として評価して「〜かつ〜」「〜または〜」という条件をあらわすときに使います。

● 論理積（AND）

2つの条件が同時に成立することをあらわすには、&&記号を使って次のように書きます。

```
let apple_zaiko = true;       // りんごジュースは在庫あり
let orange_zaiko = true;      // オレンジジュースも在庫あり
// どちらも在庫ありの場合はtrueが出力される
console.log(apple_zaiko && orange_zaiko);
```

● 論理和（OR）

2つの条件のうち1つ以上が成立することをあらわすには、||記号を使って次のように書きます。

```
let apple_zaiko = false; // りんごジュースは在庫なし
let orange_zaiko = true; // オレンジジュースは在庫あり
// どちらか一方でも在庫があればtrueが出力される
console.log(apple_zaiko || orange_zaiko);
```

代入演算子

　既に何度も登場している代入記号＝には、プログラムをすっきり見やすくするための短縮記法があります。自動販売機に100円を投入した場合を考えてみましょう。

　短縮せずに書くと、次のようになります。

```
let input = 0;          // 初期値0を代入
input = input + 100;    // 100を加算
```

　短縮して書くと、次のようになります。意味は全く同じです。

```
let input = 0;    // 初期値0を代入
input += 100;    // 100を加算
```

　この +=記号を**複合代入演算子**と呼びます。先に +100の計算をして、その結果を左辺のinputに＝で代入するイメージです。

　複合代入演算子の主なバリエーションには、足し算（+=）、引き算（-=）、掛け算（*=）、割り算（/=）があります。

Point ！
文字列の連結も複合代入演算子の +=で行えます。

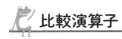 **比較演算子**

比較演算子は2つのデータを比較するときに使います。

比較演算子

演算子	意味	演算の結果
A == B	等価	AとBが等しければ真（true）、そうでなければ偽（false）
A != B	不等価	AとBが等しくなければ真（true）、そうでなければ偽（false）
A > B	より大きい	AがBよりも大きければ真（true）、そうでなければ偽（false）
A >= B	以上	AがB以上ならば真（true）、そうでなければ偽（false）
A < B	より小さい	AがBよりも小さければ真（true）、そうでなければ偽（false）
A <= B	以下	AがB以下ならば真（true）、そうでなければ偽（false）

　比較演算した結果は真（true）か偽（false）の論理型（P56）になります。といっても今はピンとこないかもしれません。Chapter04で制御構文を学ぶとき何度も登場しますので、安心してください。

\Column/

 その他の演算子

　分類上は、条件（三項）演算子、カンマ演算子、単項演算子、関係演算子、ビット演算子というものもありますが、本書のプログラムでは使う場面のない中級者向けの演算子のため、取り扱いません。

コメント文の書き方

コメントとは？

コメントとは、プログラムの途中に書くメモのことです。プログラムは長くなればなるほどコードの意味や目的がわかりにくくなるものです。そこで、適宜コメントを書いてプログラムを見通し良く保つことがマナーとされています。

● 1行コメントと複数行コメント

JavaScriptにはコメントの書き方が2種類あります。

書式

```
let input = 0; // 初期値0を代入
/*
  変数をコンソールに出力して、
  中身を確認します。
*/
console.log(input);
```

//（半角スラッシュ2つ）の右側から改行の手前までがコメントとみなされます。これを1行コメントと呼び、1行だけで済むような比較的短いコメントを書くときに使います。

　/*と*/で囲むと、コメントに改行を含めることができます。これを複数行コメントと呼び、比較的長いコメントを書くときに使います。

プログラムにおけるコメントの役割

コメントのないプログラム

プログラムの見通しが
悪くて間違いのもと！

コメントのあるプログラム

プログラムの見通しが
よくてわかりやすい！

命令文の終わりに
セミコロンを忘れないで！

 命令文とは？

　コンピューターに対して「〜しなさい」と指示する文のことを**命令文**と呼びます。このChapterで何度も登場した「代入」や「出力」は全て命令文です。

```
let input = 150;          // 代入しなさい
input = input + 100;      // 加算しなさい
console.log(input);       // 出力しなさい
```

 1つの命令文の終わりを示すセミコロン

　ブラウザはJavaScriptの命令文を上から順番に1つずつ実行していきますが、そのためには「どこからどこまでが1つの命令文なのか」を示す区切りが必要です。そこでJavaScriptでは命令文の最後にセミコロン「;」を書くことになっています。

> Point ！
> **命令文の終わりに改行する**ことが多いので、改行が命令文の区切りだと誤解しやすいのですが、明確な区切りはセミコロンです。間違った習慣が身についてしまわないように、必ずセミコロンを書くことを意識しましょう。

命令文が順番に実行されていく様子

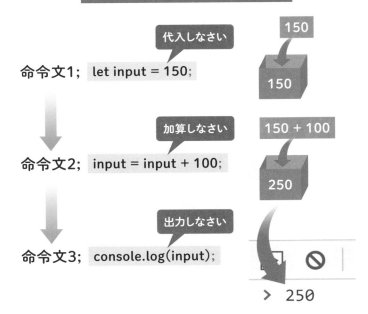

命令文1;　let input = 150;

代入しなさい

命令文2;　input = input + 100;

加算しなさい

命令文3;　console.log(input);

出力しなさい

> 250

セミコロンで区切られた
命令文を順番に
実行するよ

\Column/

セミコロンがいらないのはどんなとき？

　Chapter04で学ぶ制御構文のように、{ }で囲むブロックにはセミコロンが
いりません。Chapter04に進んだときもう一度触れるので、今は「例外的に
セミコロンがいらない場合がある」ということだけ覚えておきましょう。

全角スペースはプログラムミス！

文字列を除いて、プログラムのコードは基本的に半角（英数字や記号）で書かないとエラーになります。スペースを入れようとして間違って全角スペースを入れてしまうのはよくあるミスです。

Visula Studio Codeの拡張機能「Zenkaku」をインストールしておくと、エディターで全角スペースが見えるようになります。

Visual Studio Codeで全角スペースを可視化する

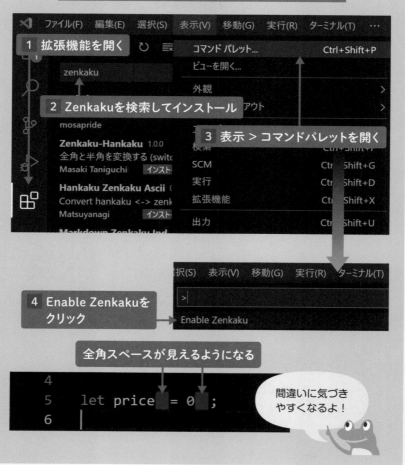

1 拡張機能を開く

zenkaku

2 Zenkakuを検索してインストール

mosapride

Zenkaku-Hankaku 1.0.0
全角と半角を変換する (swit...
Masaki Taniguchi　インストー...

Hankaku Zenkaku Ascii
Convert hankaku <-> zenk...
Matsuyanagi　インストー...

Markdown Zenkaku Ind...

ファイル(F)　編集(E)　選択(S)　表示(V)　移動(G)　実行(R)　ターミナル(T)　…

コマンド パレット...　Ctrl+Shift+P
ビューを開く...
外観
アウト

3 表示 > コマンドパレットを開く

検索　Ctrl+Shift+T
SCM　Ctrl　Shift+G
実行　Ctrl　Shift+D
拡張機能　Ctrl　Shift+X
出力　Ctrl　Shift+U

択(S)　表示(V)　移動(G)　実行(R)　ターミナル(T)

>

Enable Zenkaku

4 Enable Zenkakuを
クリック

全角スペースが見えるようになる

```
4
5    let price   = 0   ;
6    |
```

間違いに気づき
やすくなるよ！

Chapter

03

配列を学ぼう

配列とは？

 配列は複数のデータを収納できる大きな箱

　ある試験の受験者名簿を管理するプログラムを考えてみましょう。生徒の名前をひとりひとり別々に変数へ代入すると、次のようになるでしょう。

```
let meibo1 = "新井太郎";
let meibo2 = "井上次郎";
let meibo3 = "山本花子";
・・・中略・・・
```

　受験者が100人なら100個の変数を扱うことになりますし、このやり方だと、受験者が何人いるのか（変数が何個まであるのか）はプログラムを読まないとわからないので、とても不便です。

　このような場面で役に立つのが**配列**です。配列とは、複数のデータを1個の大きな箱に入れて、その箱に名前をつけたものです。右の図のように、小さな箱（変数）がいくつかまとめて大きな箱（配列）に入っているイメージです。

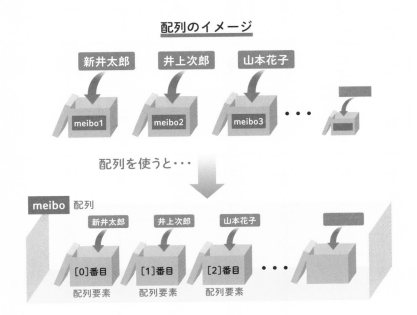

配列のイメージ

配列を使うと、「meiboの中にある何番目のデータ」というように、配列の変数名と先頭から数えた番号で中身を指し示すことができます。もし配列の中身が1000個に増えたとしても変数名は増えないので、大量のデータを同じ変数名で扱えます。

● 配列要素と要素番号
　配列の中身のひとつひとつのデータを**配列要素**と呼び、「何番目」の番号を**要素番号**と呼びます。

配列を宣言しよう！

 配列を宣言する

配列は次のように宣言します。

書式

```
let 変数名 = [];
```

 配列を初期化する

普通の変数と同じように、宣言と同時に配列の中身を初期化する
ときは、[]の中に初期値を半角カンマで区切って並べます。

書式

```
let 変数名 = [初期値1, 初期値2, 初期値3];
```

数値型の配列と文字列型の配列を初期化する例を示します。

```
// 受験番号 (数値型の配列)
let id = [20224, 20031, 20193];
// 受験者名 (文字列型の配列)
let meibo = ["新井太郎", "井上次郎", "山本花子"];
```

配列の初期化

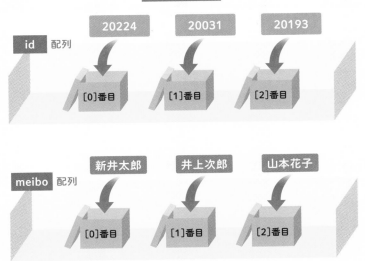

　配列要素は、[ ]に書いた順番に要素番号がつきます。[ ]の一番最初に書いたデータが要素番号0、その次が要素番号1になります。

> Point !
> 要素番号は1からではなく0から数えます。日常生活で数字は1から数えますが、プログラミングでは0から数えることが多いので、注意しましょう。

配列の中身（配列要素）を取り出そう！

↓

 要素番号を指定して取り出す

配列の中に入っているデータを取り出すには次のように書きます。

書式

> **変数名［要素番号］**

前のページの受験者名簿から、要素番号0の受験者名を取り出す
コードをコンソールに打ち込んでみましょう。

```javascript
// 受験者名の配列（文字列型のデータを入れる）
let meibo = ["新井太郎", "井上次郎", "山本花子"];
// 要素番号0を、nameという新しい変数に入れる
let name = meibo[0];
// nameに入っているデータをコンソールに出力する
console.log(name);
```

新井太郎と出力されれば成功です。

変数に代入されるのはコピー

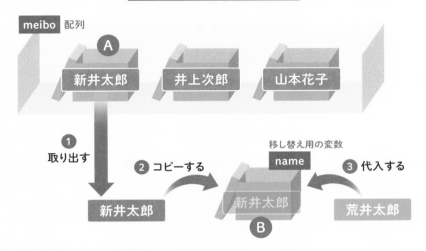

AとBは箱が別だから、
Bの中身を変えても
Aの中身は変わらないよ

　Aという箱からBという箱へデータを入れたとき、Aの箱の中身をコピーしたものがBの箱に入ります。

Point！
プリミティブ型（P52）の変数を別の変数に代入すると、元の変数のコピーが代入されます。一方、Chapter06で解説するオブジェクト型の変数を別の変数に代入すると、代入元の変数と代入先の変数の中身が共有されるので、どちらかを変更するともう片方の変数も中身が変わります。

連想配列とは？

 配列の問題点

　以下のコードは受験者の一覧を出力する例ですが、うっかり受験者名の配列に新井太郎さんを書き忘れてしまいました。

```javascript
// 受験番号と受験者名の配列
let id = [20224, 20031, 20193];
let meibo = ["井上次郎", "山本花子"]; // 書き忘れた！
// 受験者の一覧を出力
console.log(id[0] + ":" + meibo[0]);    // 20224:井上次郎
console.log(id[1] + ":" + meibo[1]);    // 20031:山本花子
```

　本当はmeibo[0]に新井太郎さんが入っているはずなのに、書き忘れたために要素番号がずれてmeibo[0]が井上次郎さんになり、受験者の一覧がおかしくなってしまいました。

　現実的に考えると、受験番号は受験者名とセットにして管理されるべきデータです。しかし、上のコードは受験番号と受験者名が別々の配列になっているので、どちらかの配列が変わると順番が合わなくなってしまいます。

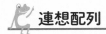 連想配列

そこでJavaScriptには**連想配列**という特別な配列の書き方が用意されています。連想配列は、配列要素を入れる箱に名前付きの鍵をかけた形をしています。

連想配列のイメージ

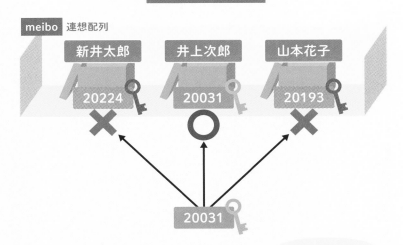

鍵の名前を使って
配列要素を指定するよ

普通の配列との大きな違いは、meibo["20031"]のように鍵の名前を指定して中身が取り出せる点です。鍵の名前があっていればよいので、配列要素が何番目に入っているかを気にする必要がありません。

連想配列という名前は、**鍵の名前からデータの中身が連想できる配列**というところから来ています。

連想配列の宣言と初期化

　前のページで鍵と呼んだ部分を**キー**と呼び、キーに対応するデータのことを**値（あたい）**と呼びます。連想配列を宣言するには、キーと値を半角コロンでつなげたものを半角カンマで区切って書き並べ、全体を{}で囲みます。

書式

> let 変数名 = { キー : 値 , キー : 値 , キー : 値 };

　受験名簿を連想配列で書き直すと次のようになります。

```
let meibo = {
 20224:"新井太郎",
 20031:"井上次郎",
 20193:"山本花子"
};
```

　配列要素が多くなると1行に書くと見辛くなるので、このように{}の中を改行してインデント（字下げ）して書くのがプログラミングの慣習です。

　慣れないうちは、同じ意味でも書き方が変わると別のものに見えてしまうものです。右の図でコードとデータの対応関係をしっかりとイメージしておきましょう。

名前付きの箱を用意する

| meibo | 連想配列

新井太郎	井上次郎	山本花子
20224	20031	20193
キー	キー	キー

❶ 20224というキーがついた箱に
新井太郎という値を入れる

❷ 20031というキーがついた箱に
井上次郎という値を入れる

❸ 20193というキーがついた箱に
山本花子という値を入れる

```
let meibo = {
  20224:"新井太郎",
  20031:"井上次郎",
  20193:"山本花子"
};
```

キーは、値を取り出すため
の鍵の役目をするよ

Point !
連想配列を宣言するとき、コードを書きながら「箱を用意して名前付き
のラベルを貼り付けているんだ」と頭の中でイメージすると、暗号にし
か見えなかったコードが意味のある情報に見えてきて苦手意識が薄れて
いきます。

06

連想配列の中身（配列要素）を取り出そう！

 キーを指定して取り出す

連想配列の中に入っているデータを取り出すには次のように書きます。

書式

> **変数名**["キー"]

受験名簿の連想配列から、受験番号20031の受験者名を出力するコードをコンソールに打ち込んでみましょう。

```
// 受験名簿の連想配列
let meibo = {
 20224:"新井太郎",
 20031:"井上次郎",
 20193:"山本花子"
};
// 受験番号20031の受験者名を出力
console.log("20031:" + meibo["20031"]);
```

20031:井上次郎と出力されれば成功です。

連想配列の配列要素を取り出す

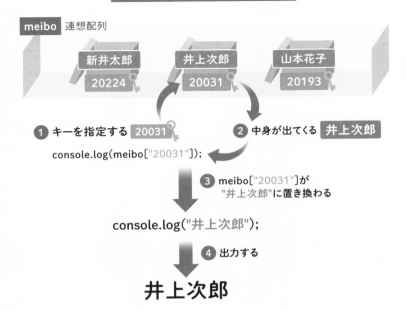

console.log(meibo["20031"]);

console.log("井上次郎");

井上次郎

Point！

連想配列の配列要素を取り出すとき、meibo["20031"]のようにキーの両端を引用符の""で囲むことに注意しましょう。JavaScriptでは""で囲むと文字列とみなされるので、20031と"20031"は全く別の意味になります。meibo["20031"]は連想配列の配列要素を意味しますが、meibo[20031]は普通の配列の要素番号 20031 の配列要素を意味します。

連想配列の中身（配列要素）を書き換えよう！

 キーを指定して書き換える

　連想配列の中に入っているデータを書き換えるには次のように書きます。

書式

変数名 [" キー "] = 変更後のデータ ;

　受験番号20224の受験者名を「新井太郎」から「荒井太郎」に書き換えるコードをコンソールに打ち込んでみましょう。

```
// 受験名簿の連想配列
let meibo = {
  20224:"新井太郎",
  20031:"井上次郎",
  20193:"山本花子"
};
// 受験番号20224の受験者名を書き換える
meibo["20224"] = "荒井太郎";
// 書き換わったかどうかを確認するために出力する
console.log(meibo["20224"]);
```

荒井太郎と出力されれば成功です。

連想配列の配列要素を書き換える

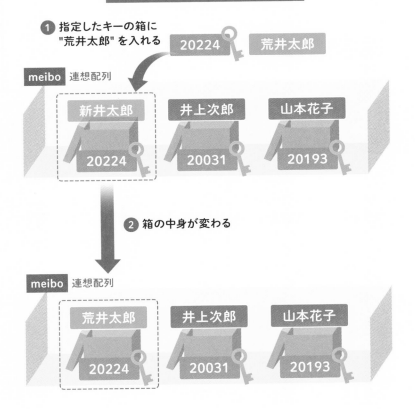

このように、連想配列は[]でキーを指定すれば、通常の変数と同じように扱うことができます。

08

配列の配列

 配列の中に配列を入れる

前のページの連想配列では、あらかじめ受験番号がわかっている場合は受験者名を取り出せますが、受験番号がわかっていない場合はキーがわからないので取り出せません。

しかし、連想配列を配列要素に持つ配列を用意すれば、0番目の受験者名は meibo[0]["name"]、0番目の受験番号は meibo[0]["id"] のようにして取り出すことができます。

```
// 受験名簿（連想配列の配列）
let meibo = [
  {id:"20224",name:"新井太郎"},
  {id:"20031",name:"井上次郎"},
  {id:"20193",name:"山本花子"}
];
// 名簿の0番目の受験番号と受験者名を出力する
console.log(meibo[0][ "id"] + ":" + meibo[0][ "name"]);
```

20224:新井太郎と出力されれば成功です。

配列の配列

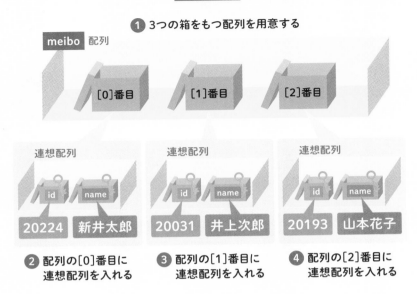

❶ 3つの箱をもつ配列を用意する

meibo 配列

[0]番目　　[1]番目　　[2]番目

連想配列　　　　　連想配列　　　　　連想配列

id　name　　　id　name　　　id　name

20224　新井太郎　20031　井上次郎　20193　山本花子

❷ 配列の[0]番目に
　連想配列を入れる

❸ 配列の[1]番目に
　連想配列を入れる

❹ 配列の[2]番目に
　連想配列を入れる

　図のように、連想配列を配列要素にすると、受験名簿の情報が
たった一つの変数meiboの中に整理できます。データの取り出し方
も統一できるので、プログラムの筋道が考えやすくなり、変更に強
い柔軟なプログラムを組み立てやすくなります。

連想配列のキーは引用符で囲まなくていいの？

連想配列のキーが「id」や「name」のような単語の場合は引用符（"または'）で囲む必要はありません。しかし、2つ以上の単語の組み合わせをキーにする場合は、引用符で囲む必要があります。

以下のように、クラス名簿に得意科目のキー "tokui kamoku" を追加する場合は引用符で囲みます。

```
// クラス名簿
let meibo = [
  {id:"20224",name:"新井太郎","tokui kamoku":"kokugo"},
  {id:"20031",name:"井上次郎","tokui kamoku":"rika"},
  {id:"20193",name:"山本花子","tokui kamoku":"eigo"}
];
console.log(meibo[0]["tokui kamoku"]); // kokugo
```

Chapter

04

制御構文を学ぼう

条件分岐
（もし〜なら〜する）

 もし〜なら〜する（if）

　自動販売機の例（P47）で見たように、プログラムの流れを途中で分岐させたい場面はよく登場します。JavaScriptではifという構文を使ってプログラムの流れを分岐させます。ifの読み方は「イフ」で、英語の「もしも」の意味です。

書式

```
if（条件式）{
  // 条件式が真の場合に行う処理をここに書く
}
```

　（）の中には、分岐させる条件を式で書きます。式はその場ですぐ評価され、論理型（P56）の値に置き換えられます。そのため、式は==や＞などの比較演算子（P65）を使って書いても良いですし、論理型の変数を直接書いても構いません。

　右のページで例を見ておきましょう。

if文を使った条件分岐

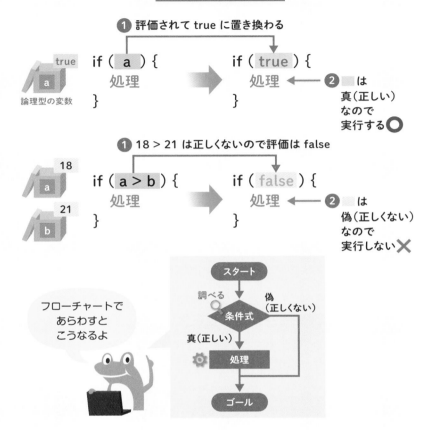

① 評価されて true に置き換わる

```
if ( a ) {
    処理
}
```

true
a
論理型の変数

```
if ( true ) {
    処理
}
```

② ■ は
真（正しい）
なので
実行する○

① 18 > 21 は正しくないので評価は false

```
if ( a > b ) {
    処理
}
```

18
a
21
b

```
if ( false ) {
    処理
}
```

② ■ は
偽（正しくない）
なので
実行しない✕

フローチャートで
あらわすと
こうなるよ

スタート

調べる　　偽（正しくない）
条件式

真（正しい）
処理

ゴール

　このように、❶条件式の真偽（正しいか正しくないか）が評価され
て、❷その結果が真（正しい）なら{ }の中に書いたコードが実行さ
れます。

> Point！
> {}は命令文（P68）ではなく範囲をあらわす記号なので、後ろにセミコ
> ロン「;」を書きません。

もし〜でないなら〜する（if 〜 else）

　条件式が真（正しい）の場合と偽（正しくない）の場合で別々の処理を行いたい場合は、**if 〜 else** という構文を使って次のように書きます。elseの読み方は「エルス」で、英語の「〜でないならば」の意味です。

```
if（条件式）{
  // 条件式が真の場合に行う処理（A）
} else {
  // 条件式が偽の場合に行う処理（B）
}
```

　条件式が真の場合は、プログラムはifのほうの{}に流れるので、（A）に書いたコードが実行されます。（A）を実行するとプログラムはelseのほうの{}には入らずに一番最後の}までジャンプするので、（B）に書いたコードは実行されません。

　逆に、条件式が偽の場合は、プログラムはifのほうの{}には入らずにelseのほうの{}に流れるので、（A）に書いたコードは実行されずに（B）に書いたコードが実行されます。

　これをフローチャートで表したものが右の図です。

if ～ else文を使った条件分岐

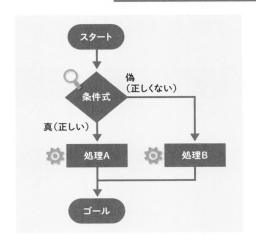

プログラムが通る道は
条件式の真偽によって
変わるよ

　少し複雑になりますが、分岐の中にさらにif ～ elseで分岐を入れると、いくつでも細かく分岐させることができます。自動販売機（P47）の場合、次のようになります。

```
if (input > price) {
  // お釣りがある場合に行う処理
} else {
  if (input == price) {
    // 料金ぴったりの場合に行う処理
  } else {
    // 料金が足りない場合に行う処理
  }
}
```

もし〜ではなく〜なら〜する（if 〜 else if）

前のページのように if 〜 else を何重にも書けば、いくつでも分岐させることができますが、コードが煩雑になります。

そこで、3つ以上に分岐したいときは if 〜 else if という構文を使うとシンプルに書けます。else if の読み方は「エルス イフ」で、英語の「もし〜ではなく〜ならば」の意味です。

書式

```
if（条件式1）{

  // 条件式1が真の場合に行う処理（A）

} else if（条件式2）{

  // 条件式2が真の場合に行う処理（B）

} else if（条件式3）{

  // 条件式3が真の場合に行う処理（C）

} else {

  // いずれの条件式も偽の場合に行う処理（D）

}
```

もし条件式1が真の場合、プログラムは直ちに（A）の分岐に流れるので、条件式2や条件式3の真偽に関係なく、（A）だけが実行されて（B）〜（D）は実行されません。最後の else は必須ではありませんが、もし else を書いた場合は条件式1〜3いずれも偽だった場合に（D）が実行されます。これをフローチャートで表したものが右の図です。

if 〜 else if 文を使った条件分岐

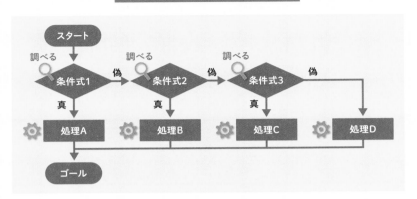

　図のように、条件式1が真だとわかった時点でプログラムは下に流れるので、条件式2と条件式3は評価されません（真か偽かの判定が行われません）。

　条件式1が偽だった場合だけ条件式2が評価され、プログラムは下か右に流れます。同様にして、条件式2が偽だった場合だけ条件3が評価され、プログラムは下か右に流れます。

　このようにして、プログラムは4つの流れのどれか1つだけを必ず通ることになります。

> Point ！
> if 〜 else if 文は、前の条件式が偽だった場合だけ次の条件式が評価されます。

複数の条件分岐（もしA なら〜する、Bなら〜する）

 もしAなら〜する、Bなら〜する（switch）

「Aだった場合はこうする」「Bだった場合はこうする」のように、分岐のパターンを増やしたいとき、if 〜 else if の代わりにswitch文を使うこともできます。switchの読み方は「スイッチ」で、プログラムの流れを切り替えるスイッチの意味です。

書式

```
switch（式）{
  case 値1:
    // 式が値1と一致した場合に行う処理（A）
    break;
  case 値2:
    // 式が値2と一致した場合に行う処理（B）
    break;
  default:
    // 式がいずれの値とも一致しない場合に行う処理（C）
    break;
}
```

switch文の流れをフローチャートで確認しておきましょう。

switch文を使った条件分岐

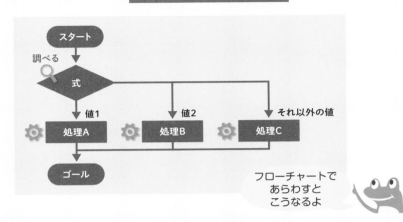

フローチャートで
あらわすと
こうなるよ

caseとbreakの読み方は「ケース」と「ブレーク」で、それぞれ英語の「場合」「中断」の意味です。breakは、switch構文を終了して一番最後の}までプログラムをジャンプさせる命令です。defaultの読み方は「デフォルト」で、英語の「規定、省略時」の意味です。

　もし（A）の後のbreakを省略すると、（A）を実行したあとプログラムは次のcaseに流れるので、（B）も実行されます。

　defaultは、式がいずれのcaseにも一致しなかった場合の分岐で、if文のelseに相当します。

> Point ！
> switch文はif 〜 else if文の代わりにも使えます。

switch文の使用例

トランプを使ったゲーム「ブラックジャック」を例に、switch文を書いてみましょう。ブラックジャックのルールでは、10より大きいカードのJ、Q、Kを手札に加えた場合は10のカードを手札に加えたものとして数えます。

```javascript
let card = 13; // Kのカードを手札に加えた
let total = 0; // 手札に加えたカードの合計
switch (card) {
  case 11: // Jのカードを手札に加えた場合
  case 12: // Qのカードを手札に加えた場合
  case 13: // Kのカードを手札に加えた場合
    total = total + 10;  // 10を加算する
    break;
  default: // それ以外のカードを手札に加えた場合
    total = total + card; // カードの数字を加算する
    break;
}
console.log("合計は" + total);
```

合計は10と出力されれば成功です。分岐の部分をif 〜 else ifを使うとどのように書けるか、考えてみましょう。

● 同じことを if ～ else if で書くと…

```
// JまたはQまたはKのカードを手札に加えた場合
if (card == 11 || card == 12 || card == 13) {
 total = total + 10;  // 10を加算する
}
// それ以外のカードを手札に加えた場合
else {
 total = total + card; // カードの数字を加算する
}
```

　2つ以上の条件を「～または～」で組み合わせるときは論理和の演算子||を使います（P63）が、数値の範囲を条件にしたいときは、式と論理積（&&）を使って「11以上かつ13以下の場合」と書くこともできます。

```
// JまたはQまたはKのカードを手札に加えた場合
if (card >= 11 && card <= 13) {
 total = total + 10;  // 10を加算する
}
・・・中略・・・
```

繰り返し（繰り返す回数が決まっている場合）

 指定した回数だけ繰り返す（for）

　プログラムの中で条件分岐と同じくらいよく使われるのが繰り返しの処理です。繰り返しの最も基本的な構文が**for**文です。

書式

```
for（初期化式；条件式；加算式）{
  // ここに書いた処理が繰り返される
}
```

　繰り返しを実行しているとき、「いま何回目の繰り返しを実行しているか」を記憶しておくための変数が必要です。そのため、初期化式には繰り返しの回数を数える変数の宣言と初期化を書きます。条件式には繰り返しを続けるかどうかの条件を書きます。加算式には、初期化式で宣言した変数の値を増やす（繰り返しの回数を数える）式を書きます。

　for文は、プログラムが実行される順番を理解することがポイントです。右のページでフローチャートをたどっておきましょう。

for文のフローチャート

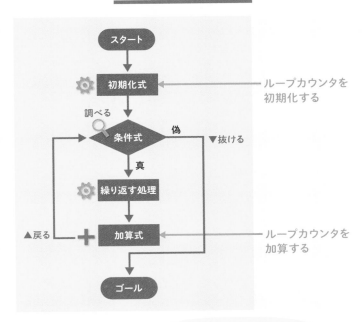

初期化式は最初だけ実行され、
条件の判定と加算式は繰り返し
のたびに実行されるよ

用語説明
繰り返しのことを**ループ**、繰り返しの回数を記憶させる変数を**ループカ
ウンタ**と呼びます。

● for文の使用例

for文の使用例として、1から10までの合計を求めてみましょう。

```
let total = 0; // 合計を入れる変数
// 10回繰り返す
for (let i = 1; i <= 10; i++) {
  total = total + i;
}
console.log("合計は" + total );
```

合計は55と出力されれば成功です。

変数iの値は、繰り返すたびに1,2,3,,,10と増えていきます。条件式のi<=10は、「iが10以下なら繰り返しなさい」という意味なので、1回目の繰り返しではtotalに1が加算され、2回目の繰り返しではtotalに2が加算されます。こうしてiが10になるまで繰り返しが行われ、iが11になると繰り返しが終了し、プログラムはforの最後の}までジャンプします。

右ページでフローチャートもたどっておきましょう。

Point！
繰り返しの加算式はi++のようにインクリメント（P60）で書くのが慣習です。i=i+1と書いても間違いではありません。

合計を求めるフローチャート

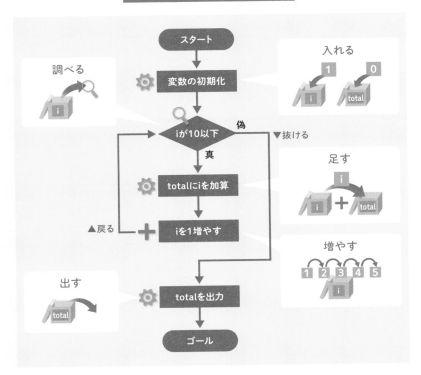

繰り返しの回数を入れるループ
カウンタと、合計を入れる変数
の2つを使うよ

繰り返し（繰り返す回数が決まっていない場合）

 ## 条件が成立する限り何回でも繰り返す（while）

繰り返す回数が「何回」と決まっていない場合はwhile文を使います。whileの読み方は「ホワイル」で、英語の「〜する間」の意味です。

書式

```
while（条件式）{
  // ここに書いた処理が繰り返される
}
```

while文には繰り返しの回数を決めるための変数（ループカウンタ）を宣言する初期化式や、加算式がありません。そのため、条件式がいつまでたっても真のままだとプログラムがwhile文をずっと実行し続けることになり、ブラウザはフリーズしてしまいます。

用語説明

プログラムがループし続けて終了できない状態を**無限ループ**と呼びます。無限ループは文法上は間違いではありませんが、論理的なプログラムミスです。プログラムに繰り返しの条件式が偽になる（無限ループを抜ける）場合が用意されているかどうか、注意が必要です。

while文のフローチャート

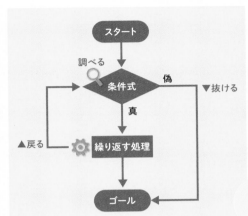

for文よりも流れは簡単だけど無限ループに注意しよう

　たとえば次のコードは無限ループです。間違いを体験するのも大事なので、フリーズ覚悟でコンソールに打ち込んでみましょう。

```
let count = 0;
while (count >= 0) {
  count = count + 1;
}
```

　ブラウザが動かなくなったら、ブラウザの閉じるボタンを押して終了しましょう。

● whileの使用例

whileの使用例として、1から20までの偶数（2で割り切れる数）を出力してみましょう。

```
let n = 1;
let output = "" ;
// nが20以下なら繰り返す
while (n <= 20) {
 // nが偶数かどうか？
 if (n % 2 == 0) {
  output = output + n + " " ;
 }
 // nを1増やす
 n = n + 1;
}
// 結果を出力する
console.log(output);
```

2 4 6 8 10 12 14 16 18 20と出力されれば成功です。if文の条件である「nが偶数かどうか？」は、「nが2で割り切れるかどうか？」といいかえることができます。これをプログラムの式にするには、さらに「nを2で割った余りが0と等しいかどうか？」といいかえます。

繰り返しの処理のどこかで変数nが増えないと、いつまでも条件式が真のままで無限ループに陥ってしまいます。nを増やす処理を書き忘れないようにしましょう。

このコードも、フローチャートを確認しておきましょう。

1から20までの偶数を出力するフローチャート

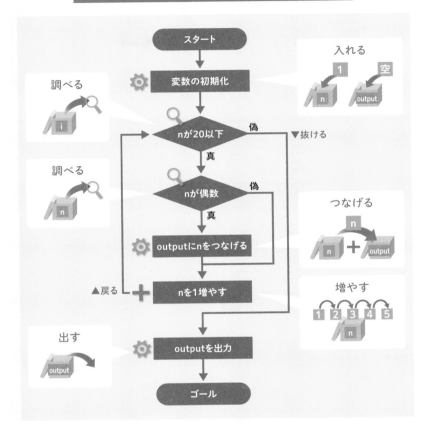

制御構文の処理を途中で終了させる

 繰り返しを途中で終了させる（break）

P101でbreakはswitch文を終了する役目があると説明しました
が、正確にいうと、breakは**最も内側の繰り返しをただちに終了して
（繰り返しを抜けて）次の文にプログラムの制御を移します。**

for文での使用例を見ておきましょう。次のコードを実行すると何
が出力されるでしょうか？　結果を予想してからコンソールに打ち
込んでみましょう。

```javascript
for (let i = 0; i < 10; i++) {
  if (i == 5) {
    break;
  }
  console.log(i); // iを出力★
}
```

繰り返しのたびにiがインクリメント（P60）されて1ずつ増えてい
きます。iが5よりも小さい間はif文の条件式が偽（成立しない）なの
で★が実行されますが、iが5になるとif文の条件式が真になるので
breakが実行され、プログラムは★を飛び越してfor文を終了します。

breakでfor文を抜ける

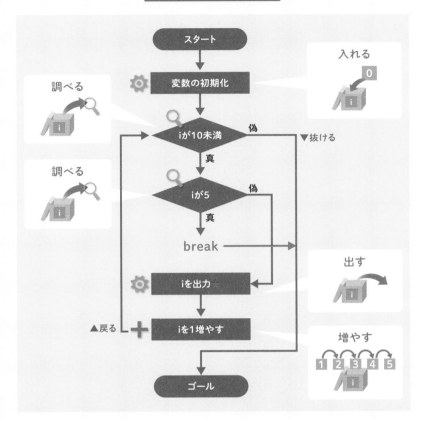

負けが込むと相手が降参するジャンケン

　次のコードはwhile文での使用例です。10回連続でジャンケンをしますが、5回勝った時点で相手が降参して繰り返しを終了します。

```javascript
// 勝ち・負け・あいこの回数を数えるカウンタ
let win = 0, loose = 0, draw = 0;
// 10回繰り返す
for (let i = 0; i < 10; i++ ) {
  // 0から1の乱数が入る
  let ransu = Math.random();
  // 33%の確率で勝ち
  if (ransu < 0.33) {
    win++;
  // 33%の確率で負け
  } else if (ransu < 0.66) {
    loose++;
  }
  // 残り34%の確率であいこ
  else {
    draw++;
  }
  // 5回勝ったら相手が降参する
  if (win >= 5) {
    console.log("降参です！");
    break;
  }
}
console.log(win + "勝" + loose + "敗" + draw + "引き分け");
```

Math.random()はChapter06で学ぶ数学オブジェクトの機能で、0から1の間のランダムな数値を返します（先取り☞P164）。

breakを含む繰り返しのフローチャート

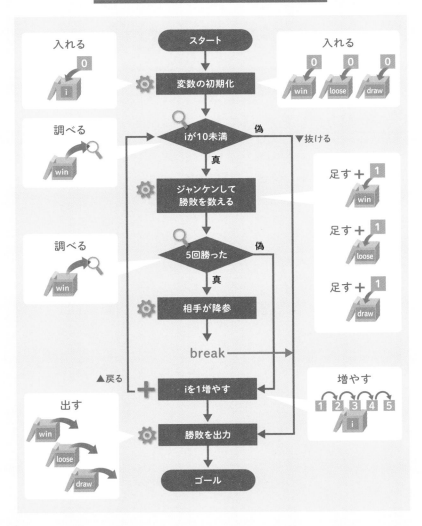

制御構文の処理を途中で スキップさせる

 ## 次の繰り返しまでジャンプする（continue）

continue文は、**今回の繰り返しをただちに終了して次の繰り返し へプログラムをジャンプ**させます。

トランプで手持ちのカードの数字を合計するコードをコンソール に打ち込んでみましょう。

```javascript
let total = 0;                    // 合計を数えるための変数
let card = [1, 2, 3, "JOKER",4]; // カードの配列
for (let i = 0; i < card.length; i++) {
 // JOKER以外を数える
 if (card[i] == "JOKER") {
  continue;
 }
 // 合計に加算する★
 total += card[i];
}
console.log(total);
```

　配列要素を順番に調べ、もしJOKERだったら★を実行せずに次の繰り返しへプログラムをジャンプさせます。10が出力されたら成功です。

　card.length は Chapter06 で詳しく学びますが、配列の長さ（配列要素の個数）を表します（先取り☞P152）。

continueを含む繰り返しのフローチャート

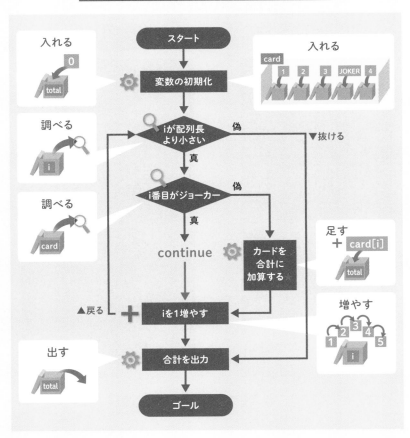

制御の範囲はインデントで「見える化」しよう！

　実際のプログラムでは、多重ループ（繰り返しの中で別の繰り返しを行うこと）や、多重分岐（条件分岐の中で別の条件分岐を行うこと）がよくあります。

　このような場合、コードは入れ子の形になるので、ひとつひとつの制御の範囲が目で見てわかるように、きちんとインデント（字下げ）を揃えることが重要です。以下のコードは全く同じプログラムですが、どちらがわかりやすいかは一目瞭然でしょう。

入れ子になった制御構文

わかりにくい書き方

```
1    for (...) {
2    for (...) {
3    if (...) {
4    } else if (...) {
5    } else {
6    }
7    }
8    switch (...) {
9    case: ...
10   if (...) {
11   }
12   break;
13   case: ...
14   if (...) {
15   break;
16   break;
17   }
18   }
```

わかりやすい書き方

```
21   // ●●を繰り返す
22   for (...) {
23     // ■■を繰り返す
24     for (...) {
25       if (...) {
26       } else if (...) {
27       } else {
28       }
29     }
30     // ▲▲で分岐する
31     switch (...) {
32       case: ...
33         if (...) {
34         }
35         break;
36       case: ...
37         if (...) {
38         }
39         break;
40     }
41   }
```

　制御の範囲はインデントやコメントで「見える化」することを習慣づけましょう。

関数を学ぼう

関数とは？

 再利用可能な共通部品

　あらかじめ決まった手順を実行するひとかたまりのコードに名前をつけたものを**関数（かんすう）**と呼びます。

　Chpater04の最後に書いた、トランプのカードを合計するコードを振り返ってみましょう。本書で作成するブラックジャックは手持ちのカードの合計が21を超えたら負けなので、カードを引くたびに合計を計算しなければなりません。また、カードを引き終わった時点で相手のカードと合計を比べなければならないので、プログラムの中で合計を計算する場面が何度も出てきます。そのたびに合計を計算するコードを書いていくと、プログラムはすぐに複雑化してわかりにくくなります。さらに、ゲームのルールを変更したいとき合計を計算するコードを書いた場所を全て変更しなければならないので、間違いや変更漏れを起こしやすくなるでしょう。

　そこで、右の図のようにカードの合計を計算する部分だけを抜き出して関数にすると、何度も同じコードを書く代わりに関数を実行させる（呼び出す）命令を書くだけで済みます。

関数を使ったプログラムの流れ

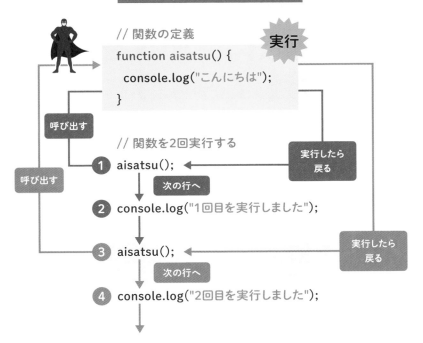

　プログラムは原則として書いた順番に上から下へと実行されますが、関数の定義は実行命令ではないので、呼び出しを受けるまで実行されません。

　関数を定義したあとで関数名を書くと、「この名前の関数を今ここで実行せよ」という意味になり、プログラムの制御は関数の定義へ移ります。そして、関数の中身を実行し終わるとプログラムの制御は関数の呼び出し元に帰ってきて、次の行に移ります。この流れを正しく理解しておきましょう。

関数にデータを渡してみよう！

 呼び出し元からデータを受け取る

前のページのaisatsu関数は「こんにちは」しか出力しません。これを、呼び出し元で指定したメッセージを出力できるように改良してみましょう。

```
function aisatsu(message) {
  console.log(message);
}
aisatsu("おはよう");
aisatsu("こんにちは");
aisatsu("こんばんは");
```

関数を呼び出すとき、関数名の後ろの()の中に変数や文字列などのデータを入れると、関数にそのデータを渡すことができます。これを**引数（ひきすう）**と呼びます。一方、関数の定義側には()の中にデータを受け取るための変数名を書きます。これを**仮引数（かりひきすう）**と呼びます。仮引数はletをつけて宣言する必要がありません。

すると、右の図のように呼び出し元から関数にデータが渡されます。

関数にデータを渡す

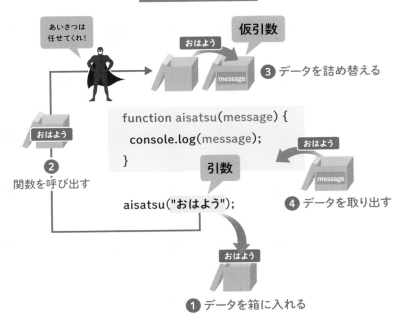

　引数を使うと、呼び出し元から渡すデータに応じて関数の動きを切り替えることができます。ひとつの関数で多くのパターンに対応できるようになるので、関数に柔軟性が備わります。

複数のデータを受け取る関数

　引数はカンマ「,」で区切ればいくつでも渡すことができます。これを利用して、どんな数でも足し算できる使い勝手のよい関数を作ってみましょう。関数の名前は、足し算の意味のadditionとします。

```
function addition(a, b) {
  let total = a + b;        // aとbの中身を足し算
  console.log(total);       // 足し算した結果を出力
}
addition(10, 11);      // 21が出力される
addition(-1, 11);      // 10が出力される
```

　addition(10,11)を実行すると、仮引数のaに10が渡され、bに11が渡されます。すると、関数の中ではaとbを普通の変数と同じように扱うことができるので、aとbを足し算した結果を別の変数totalに代入したり、console.log(a+b)のように直接コンソールに出力することができます。

配列を受け取る関数

　P116で書いた、カードを合計するコードを関数にしてみましょう。関数を単純化するためにジョーカーは使わないことにします。P116と見比べながら読み解いてみましょう。

```javascript
// ③カードの数値を合計して出力する関数
function sumCard(card) {
  let total = 0;
  for (let i = 0; i < card.length; i++) {
    total += card[i]; // ④合計に加算
  }
  console.log(total); // ⑤合計を出力
}
// ①手持ちのカード
let myCard = [1, 2, 3, 4];
// ②関数を呼び出す
sumCard(myCard);
```

　プログラムは①〜⑤の順番に実行されます。①で宣言した配列を②で関数に渡すと、関数③は配列myCardを仮引数cardとして受け取ります。cardの中身はmyCardと同じなので、④のfor文で1,2,3,4が変数totalに加算され、⑤で合計が出力されます。

　10が出力されたら成功です。

関数の処理結果を受け取る

 処理の結果を返す関数

return文を使うと、関数の中で処理した結果を呼び出し元に返すことができます。

書式

```
function 関数名 () {
  return 戻り値;
}
```

関数が呼び出し元に返すデータを**戻り値**（もどりち）と呼び、呼び出し元では次のように受け取ります。

```
function addition(a, b) {
  let c = a + b; // a+bを計算してcに代入
  return c;      // 呼び出し元にcを返す
}
let total = addition(10, 11); // 関数の戻り値を受け取る
console.log(total);
```

呼び出し元に結果を戻す

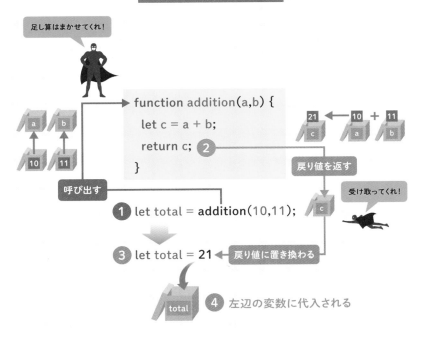

関数の実行が終わると、関数の呼び出しを書いた場所は戻り値で置き換えられるので、受け取り用の変数totalに21が入ります。

 **カードの合計を返す関数**

P129で作成した関数を、カードの合計を戻り値として返すように
書き換えてみましょう。

```javascript
// ③カードの数値を合計して返す関数
function sumCard(card) {
 let total = 0;
 for (let i = 0; i < card.length; i++) {
  total += card[i]; // ④合計に加算
 }
 return total; // ⑤合計を返す
}
// ①手持ちのカード
let myCard = [1, 2, 3, 4];
// ②関数を呼び出して戻り値を変数totalに受け取る
let total = sumCard(myCard);
// ⑥結果を出力
console.log(total);
```

10と出力されれば成功です。

\Column/

戻り値を返す関数と返さない関数の違い

　P129のように戻り値を返さない関数は、処理の結果をどうするかを関数が決めます。そのため、関数の中で出力の仕方を変えると、呼び出し元が意図していなくても出力が変わってしまいます。

　一方、P132のように戻り値を返す関数は、処理の結果をどうするかを呼び出し元が決めるので、関数を使う場面に応じて出力の仕方を自由に変えることができます。

戻り値を返すべきかどうか？

◉戻り値を返さない関数

aisatsu

私は依頼主に
手間をかけさせない
主義なんだ

呼んだあとは
全部お任せできるから
助かるわ〜♪

呼び出し元

◉戻り値を返す関数

addition

私は仕事の結果を
依頼主へ送り返す！

処理の結果の
使い道を自分で
決められる♪

呼び出し元

　関数に戻り値を返させるかどうかは、処理の結果を呼び出し元で利用したいかどうかで決めるとよいでしょう。

変数のスコープ

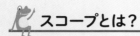

スコープとは？

　P132のコードを見て「あれ？」と感じませんでしたか？　よく見ると関数の中と外で全く同じ名前の変数totalを宣言していますが、これは間違いではありません。

　実は、右の図のように関数は外からは中が見えないブラックボックスになっています。そのため、関数の外で宣言した変数totalは、関数の中で宣言した変数totalとは別の箱を意味しています。学校で隣のクラスにたまたま同じ名前の生徒がいるのと同じです。

　一方、関数の中からは外が見えます。たとえばP132のfor文の中にconsole.log(myCard[i])を書くと、関数の外で宣言している配列myCardの中身がコンソールに出力されます。

　このように、変数を直接見る（参照する）ことができる範囲のことをスコープ（scope：範囲）と呼びます。スコープは有効範囲といいかえてもよいでしょう。関数の外の世界をグローバルスコープ、関数の中の世界を関数スコープと呼びます。

　スコープのおかげで、関数をたくさん作っても変数名の衝突を気にすることなく、いくらでも大きなプログラムを組み立てていくことができます。

変数のスコープ

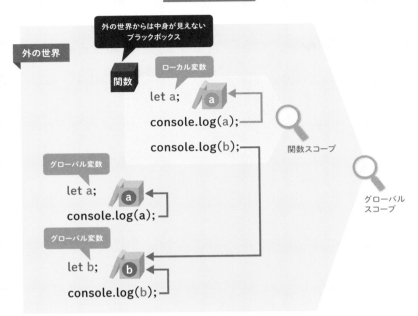

> 外の世界からは中身が見えない
> ブラックボックス

外の世界

関数

ローカル変数

let a;

console.log(a);

console.log(b);

関数スコープ

グローバル変数

let a;

console.log(a);

グローバル変数

let b;

console.log(b);

グローバル
スコープ

変数名が同じでも
スコープが違えば
別の箱になるよ

用語説明

グローバルスコープで宣言した変数を**グローバル変数**、関数スコープで
宣言した変数を**ローカル変数**と呼びます。

ブロックスコープ

　Chapter04で学んだ制御構文で使われる{}で囲った部分を**ブロック**と呼びます。ブロック内で宣言した変数や、for文の初期化式で宣言したループカウンタは、ブロックの中だけで有効なブロックスコープを持ちます。

　次のコードは、グローバルスコープと関数スコープとブロックスコープの実験です。3つの★で何が出力されるか、右のページで答えを見る前に少し考えてみましょう。プログラムの流れをたどっていく練習も、書く練習と同じくらい大切なことです。

```
let i = 3; // ①グローバル変数
function scopeTest() {
 let i = 5; // ②ローカル変数
 console.log(i); // ★何が出力される？
 for (let i = 0; i < 10; i++) { // ③ブロック変数
  console.log(i); // ★何が出力される？
 }
}
scopeTest();
console.log(i); // ★何が出力される？
```

3つのスコープ

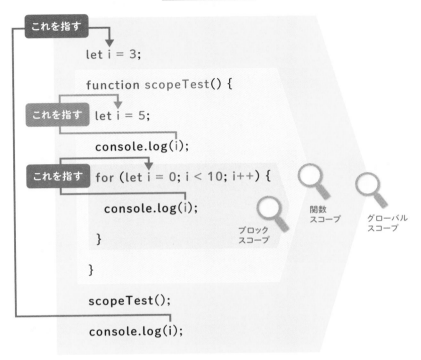

　1つ目の★は関数の中にあるので、ローカル変数（関数の中で宣言した変数）が優先的に参照されます。そのため、5が出力されます。2つ目の★はブロックの中にあるので、ブロック変数のiが優先的に参照されます。そのため、0,1,2,,,9が順番に出力されます。3つ目の★は関数の外にあるので、グローバル変数が参照されて3が出力されます。

関数オブジェクト

JavaScriptの関数は次のように書いても実行できます。

```
const aisatsu = function() {
  console.log("こんにちは");
}
aisatsu(); //「こんにちは」が出力される
```

　関数を定義すると、定義した機能をもったオブジェクト（先取り☞P140）が生成され、それが左辺の変数に代入されます。このオブジェクトは関数オブジェクトといい、function(){...}で定義したメソッドを持っています。そのため、関数オブジェクトを代入したaisatsuは通常の変数ではなく、aisatsuという名前のメソッドを持ったオブジェクトの意味になります。
　もちろん、以下の書き方も同じ意味です。

```
function aisatsu() {
  console.log("こんにちは");
}
aisatsu(); //「こんにちは」が出力される
```

Chapter

06

↓

組み込みオブジェクトを
学ぼう

組み込みオブジェクトとは？

 オブジェクトとクラス

オブジェクトとは、現実世界にある「モノ」をプログラムに置き換えた概念です。オブジェクトには、そのモノのはたらきをあらわす機能（**メソッド**）と、そのモノの特徴をあらわす属性（**プロパティ**）があります。

たとえば洗濯機というオブジェクトを考えてみましょう。どの洗濯機にも、「洗う」という共通の機能があり、「メーカー」「種類」「形状」「容量」などの共通の属性があります。いいかえると、これらの属性と機能が洗濯機の定義といえます。オブジェクトの機能と属性を定義した設計図のことを**クラス**と呼びます。

● クラスのインスタンス

クラスの定義をもとに作ったオブジェクト（右の図の洗濯機A,B,C）を**インスタンス**と呼びます。

> Point !
> クラスという設計図をもとに生成（インスタンス化）したものがオブジェクトです。

代表的な組み込みオブジェクト

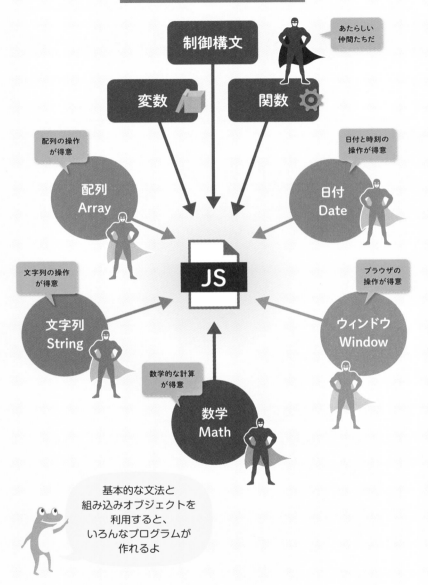

制御構文

あたらしい
仲間たちだ

変数

関数

配列の操作
が得意

配列
Array

日付と時刻の
操作が得意

日付
Date

JS

文字列の操作
が得意

文字列
String

ブラウザの
操作が得意

ウィンドウ
Window

数学的な計算
が得意

数学
Math

基本的な文法と
組み込みオブジェクトを
利用すると、
いろんなプログラムが
作れるよ

文字列オブジェクト（String）

 文字列オブジェクトを使う準備

　文字列オブジェクトは、コンストラクタを使わなくても、引用符 "" で囲った文字列を書くだけでインスタンスを生成できます。

```
let message = new String("おはよう"); // 方法①
let message = "おはよう";            // 方法②
```

　よほど特別な事情がない限り、方法②でインスタンス化できることを覚えておけば十分です。

文字列オブジェクトのプロパティ

　次のコードは、文字列の長さ（文字数のこと）を返すlengthプロパティの使用例です。

```
let message = "おはよう";
console.log(message.length); // messageの長さを出力
```

　message.length は、message に入っている文字列「おはよう」の文字数をあらわすので、コンソールには4が出力されます。

lengthプロパティを使って文字数を調べる

let message = "おはよう";

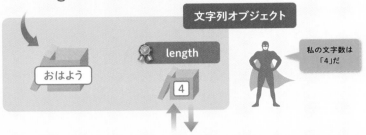

console.log(message.length);　　変数messageの文字数を出力

message += "ございます";

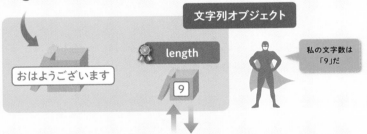

console.log(message.length);　　変数messageの文字数を出力

文字数を調べるには
lengthプロパティ
を使うよ

　文字列オブジェクトのlengthプロパティは、オブジェクトに入っ
ている文字列に応じて変化します。文字列をつなぐと、つないだ後
の文字数に代わります。

　プログラムの変数は途中で中身が変化することが多いので、長さ
を調べるプロパティはよく使われます。

文字列オブジェクトの主要メソッド

文字列オブジェクトの主要なメソッドを示します。

● 文字列を検索するメソッド

文字列オブジェクトの中から特定の文字を検索するメソッドです。書式の中でStringは文字列オブジェクトをあらわし、[]で囲った部分は省略可能な引数をあらわしています。

書式

String.includes(検索文字列[, 検索開始位置])

※include…英語のインクルード「含む」の意味

Stringが検索文字列を含む場合はtrue、含まない場合はfalseを返します。検索開始位置はStringの何文字目から検索をはじめるかを指定し、省略すると0とみなされます。

書式

String.indexOf(検索文字列[, 検索開始位置])

※index…英語のインデックス「索引」の意味

検索文字列がStringの先頭から何文字目に見つかったかを返します（1文字目を0と数えます）。見つからなかった場合は-1を返します。検索開始位置はStringの何文字目から検索をはじめるかを指定し、省略すると0とみなされます。

　includesを使って、画像ファイルがJPGかどうかを判定するコードを書いてみましょう。文字列に「.jpg」が含まれるかどうかをif文で判定するのがポイントです。

includesメソッドの使用例

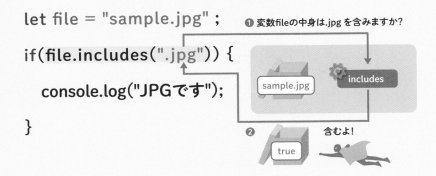

```
let file = "sample.jpg";
if(file.includes(".jpg")) {
    console.log("JPGです");
}
```

❶ 変数fileの中身は.jpgを含みますか？

sample.jpg　includes

❷ 含むよ！

true

　同じことをindexOfを使って書いてみましょう。メソッドの戻り値が-1以外かどうかで判定するのがポイントです。

indexOfメソッドの使用例

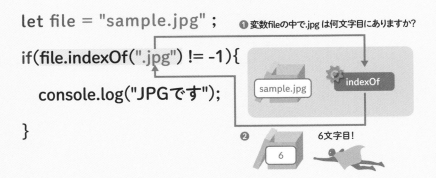

```
let file = "sample.jpg";
if(file.indexOf(".jpg") != -1){
    console.log("JPGです");
}
```

❶ 変数fileの中で.jpgは何文字目にありますか？

sample.jpg　indexOf

❷ 6文字目！

6

● 文字列を分割するメソッド

　文字列の一部分だけを取り出したり、分割して配列に変換するメソッドです。

String.slice（取り出し開始位置 [,取り出し終了位置]）

　slice は、引数で指定した範囲の文字列を String から取り出したあたらしい文字列を返します。取り出し終了位置を省略すると、String の最後までを指定したことになります。

> Point！
> 取り出し開始位置は 0 から数えますが、取り出し終了位置は 1 から数えます。この違いに気をつけましょう。

String.split（[区切り文字 [,分割の最大数]]）

　split は、指定した区切り文字で String の中身を分割して、分割されたひとつひとつを配列要素とする配列を返します。分割の最大数を指定すると、それ以上は分割されずに切り捨てられます。区切り文字を省略した場合は空文字列 "" を指定したものとみなされます。

sliceを使って、画像ファイルのファイル名（拡張子の「.jpg」を除いた部分）を抜き出すコードを書いてみましょう。

```javascript
let file = "sample.jpg";
let endIndex = file.indexOf(".");        // .の位置を取得
console.log(file.slice(0, endIndex));    // .の直前までを出力
```

Point！
file.slice(0,6)と書いても正解ですが、それだと別のファイル名の場合に対応ができません。確実に抜き出すためには、ファイル名の後ろにつく「.」が何文字目にあるかをindexOfで調べ、その直前の文字までをsliceで抜き出す必要があります。

同じことをsplitを使って書いてみましょう。

```javascript
let file = "sample.jpg";
let temp = file.split(".");        // .で区切って配列に変換
console.log(temp[0]);              // 配列要素の1つ目を出力
```

tempに入る配列は、temp[0]がsample、temp[1]がjpgになるので、最初の配列要素temp[0]がファイル名になります。

03

配列オブジェクト（Array）

 配列オブジェクトを使う準備

配列オブジェクトも、コンストラクタを使わなくても配列を宣言するだけでインスタンスを生成できます。

```
let card = [4, 10, 5]; // card は配列オブジェクトになる
```

 配列オブジェクトのプロパティ

次のコードは、配列の長さ（要素数のこと）を返すlengthプロパティの使用例です。

```
console.log(card.length); // 3が出力される
```

文字列オブジェクトのlengthプロパティは文字数を返しますが、配列オブジェクトのlengthプロパティは配列要素の個数を返します。

配列オブジェクトの主要メソッド

配列オブジェクトの主要なメソッドを示します。

● 配列要素を検索するメソッド

配列オブジェクトの中から特定の要素を検索するメソッドです。書式の中でArrayは配列オブジェクトをあらわし、[ ]で囲った部分は省略可能な引数をあらわしています。

書式

> **Array.includes（検索する値 [, 検索開始位置]）**
>
> ※ include…英語のインクルード「含む」の意味

Arrayに検索する値と同じ要素が含まれる場合はtrue、含まれない場合はfalseを返します。検索開始位置はArrayの何番目の要素から検索をはじめるかを指定し、省略すると0とみなされます。

書式

> **Array.indexOf（検索する値 [, 検索開始位置]）**
>
> ※ index…英語のインデックス「索引」の意味

検索する値と同じ要素がArrayの先頭から何番目にあるかを返します。見つからなかった場合は-1を返します。検索開始位置を省略すると0とみなされます。

● 配列を分割・結合するメソッド

　配列の一部分だけを取り出したり、結合して文字列に変換するメソッドです。

書式

Array.slice（取り出し開始位置 [, 取り出し終了位置]）

※ slice…英語のスライス「切る」の意味

　slice は、引数で指定した範囲（Array の何番目から何番目まで）を取り出したあたらしい配列を返します。取り出し終了位置を省略すると、Array の最後までを指定したことになります。

Point ！

取り出し開始位置は 0 から数えますが、取り出し終了位置は 1 から数えます。この違いに気をつけましょう。

書式

Array.join（[区切り文字]）

※ join…英語のジョイン「連ねる、結びつける」の意味

　join は、Array のすべての要素を、区切り文字を間に挟むようにつないでひとつの文字列にして返します。区切り文字を省略した場合はカンマ "," を指定したものとみなされます。

　sliceを使って、カードの配列からKの手前までをあたらしい配列に取り出してみましょう。

<u>sliceメソッドの使用例</u>

```
let card = [4,10,5,"K",7] ;

let endIndex = card.indexOf("K");

let new_card = card.slice(0, endIndex);

console.log(new_card);
```

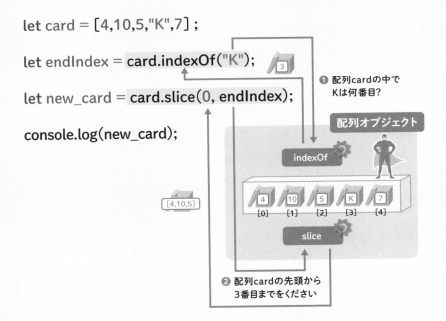

❶ 配列cardの中で
　Kは何番目?

配列オブジェクト

indexOf

4	10	5	K	7
[0]	[1]	[2]	[3]	[4]

slice

[4,10,5]

❷ 配列cardの先頭から
　3番目までをください

　コンソールに[4,10,5]と出力されれば成功です。

　年月日を要素にもつ配列を、joinを使って年/月/日の書式の文字列に変換してみましょう。

```
let ymd = [2021, 3, 1];        // 2021年3月1日
console.log(ymd.join("/"));    // 文字列に変換して出力
```

　コンソールに2021/3/1と出力されれば成功です。

● 配列要素を追加・削除するメソッド

配列要素の追加や削除を行うメソッドです。

Array.push（追加する要素1[,,,,[,追加する要素N]）

Array.pop()

※ push/pop…列の後ろ「に追加する／から取り出す」の意味

　push は、引数で指定した要素を配列 Array の最後尾に追加し、追加後の Array の長さを返します。引数をカンマ"," で区切ればいくつでもまとめて追加できます。pop はその反対で、配列 Array の最後尾にある要素を取り出して返します。取り出した要素はもとの配列 Array から削除されます。

Array.unshift（追加する要素1[,,,,[,追加する要素N]）

Array.shift()

※ unshift/shift…列を「後ろにずらす／前にずらす」の意味

　unshift は、引数で指定した要素を配列 Array の先頭に追加し、追加後の Array の長さを返します。引数をカンマ"," で区切ればいくつでもまとめて追加できます。shift はその反対で、配列 Array の先頭にある要素を取り出して返します。取り出した要素はもとの配列 Array から削除されます。

配列要素の追加と削除

最後の要素を取り出して!
card.pop();

最後に要素を追加して!
card.push("ン");

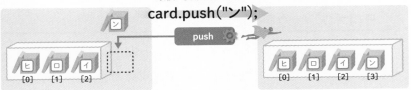

先頭の要素を取り出して!
card.shift();

先頭に要素を追加して!
card.unshift("ヒ");

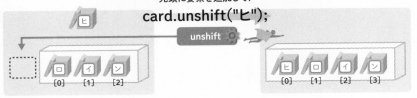

> Point！
>
> shiftを実行すると配列全体が前へ詰まるので、要素番号が1つずつ前へずれます。unshiftを実行すると配列全体が後ろへ詰まるので、要素番号が1つずつ後ろへずれます。

日付オブジェクト（Date）

 日付オブジェクトを使う準備

　日付オブジェクトは、コンストラクタに日付と時刻を指定してインスタンスを生成します。引数は、日付と解釈できる文字列か、年月日時分秒を別々に数値で指定します。たとえば令和元年初日のインスタンスは次のように生成します。

```
new Date("2019-5-1");       // ①2019年5月1日 0時0分0秒
new Date(2019,4,1);         // ②2019年5月1日 0時0分0秒
new Date(2019,4,1,9,3,0);   // ③2019年5月1日 9時3分0秒
```

　引数を省略すると、現在の日付と時刻を指定したものとみなされます。

```
new Date(); // 現在の日時
```

> **Point！**
> 配列の要素番号の数え方と同じで、月を数値で指定するときは0から数えます。1月は0、12月は11です。上の②③は4月ではなく5月の意味になります。

日付オブジェクト

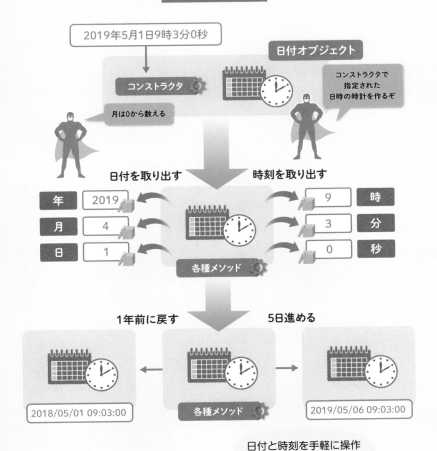

日付と時刻を手軽に操作
できるオブジェクトだよ

　日付オブジェクトは、時が止まった時計のようなものです。この時計は電池が入っていないので勝手に時間は進みませんが、「年・月・日・曜日・時間・分・秒」などの数値を別々に取り出すメソッドや、時計の針を未来へ進めたり過去に戻したりするメソッドを持っています。

日付オブジェクトの主要メソッド

日付オブジェクトの主要なメソッドを示します。

● 日付情報を取得・設定するメソッド

右の表は、日付オブジェクトが指している日付を取り出したり、オブジェクトの時計を動かして別の日付を指すメソッドです。もし今が2021年3月3日だとすると、現在の日付を取り出すコードは次のようになります。

```
let now = new Date(); // 現在日時のオブジェクト
console.log(now.getFullYear());   // 2021 が出力される
console.log(now.getMonth());   // 2 が出力される
console.log(now.getDate());   // 1 が出力される
console.log(now.getDay());   // 3 が出力される
```

この時計を6ヶ月先に進めてみましょう。

```
now.setMonth(now.getMonth() + 6);   // 6 ヶ月先を設定
console.log(now.getFullYear());   // 2021 が出力される
console.log(now.getMonth());   // 8 が出力される
console.log(now.getDate());   // 3 が出力される
```

日付情報を取得・設定するメソッド

操作の対象	取得するメソッド	戻り値の範囲	設定するメソッド	引数xの範囲
年	getFullYear()	西暦 （4桁の数値）	setFullYear(x)	西暦 （4桁の数値）
月	getMonth()	0〜11	setMonth(x)	0〜11
日	getDate()	1〜31	setDate(x)	1〜31
曜日	getDay()	0〜6	なし	
時	getHours()	0〜23	setHours(x)	0〜23
分	getMinutes()	0〜59	setMinutes(x)	0〜59
秒	getSeconds()	0〜59	setSeconds(x)	0〜59
ミリ秒	getMilliseconds()	0〜999	setMilliseconds(x)	0〜999

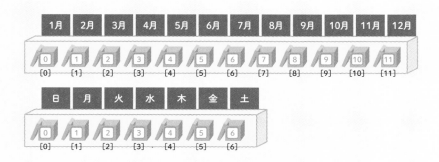

Point !

配列の要素番号の数え方と同じで、曜日も0から数えます。「日月火水木金土」の先頭を0と数えるので、getDayが1を返したときは月曜の意味です。

● 日付情報を文字列に変換するメソッド

年月日や時分秒をバラバラに取り出すのではなく、国や地域の言葉にあわせた文字列として取り出したいとき使えるメソッドです。書式の中でDateは日付オブジェクトをあらわし、[]で囲った部分は省略可能な引数をあらわしています。

書式

Date.toLocaleString()

Date.toLocaleDateString()

Date.toLocaleTimeString()

※ locale…英語のロケール「言語や国、地域」の意味

toLocaleStringは日付と時刻をつないだ文字列を返します。toLocaleDateStringは日付だけを返し、toLocaleTimeStringは時刻だけを返します。

```
let now = new Date(); // 現在日時のオブジェクト
console.log(now.toLocaleString());       // 年/月/日 時:分:秒
console.log(now.toLocaleDateString());   // 年/月/日
console.log(now.toLocaleTimeString());   // 時:分:秒
```

日本語のブラウザでは、それぞれ2021/3/3 9:37:20、2021/3/3、9:37:20のように出力されます。

\Column/

曜日を「日月火水木金土」で表示するには？

　getDayメソッドは曜日を0,1,2,3,4,5,6の数値で返します。日月火水木金土で表示するには、曜日が入った配列を用意して、getDayメソッドが返す数字を要素番号にして取り出します。

もしも今日が金曜日だったら…

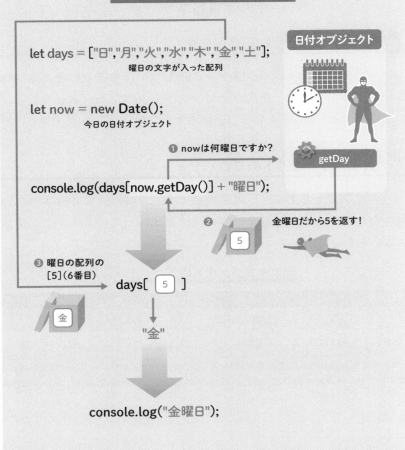

let days = ["日","月","火","水","木","金","土"];
曜日の文字が入った配列

let now = new Date();
今日の日付オブジェクト

日付オブジェクト

❶ nowは何曜日ですか？

getDay

console.log(days[now.getDay()] + "曜日");

❷ 　5　 　金曜日だから5を返す！

❸ 曜日の配列の
　［5］(6番目)
days[5]

金

"金"

console.log("金曜日");

数学オブジェクト（Math）

 数学オブジェクトを使う準備

数学オブジェクトはインスタンス化しなくてもすぐに使える特殊なオブジェクトです。そのためコンストラクタはありません。オブジェクト名のMathをそのまま使います。

 数学オブジェクトのプロパティ

数学オブジェクトは、円周率や平方根、自然対数など数学的な計算のためのいくつかの定数をプロパティに持っています。主な定数は次のとおりです。

数学オブジェクトのプロパティ

プロパティ	値	意味	プロパティ	値	意味
E	約2.718	自然対数の底	PI	約3.14159	円周率
SQRT2	約1.414	2の平方根	SQRT1_2	約0.707	1/2の平方根
LN2	約0.693	2の自然対数	LN10	約2.302	10の自然対数
LOG2E	約1.443	2を底とするEの対数	LOG10E	約0.434	10を底とするEの対数

ダイアログを表示するメソッド

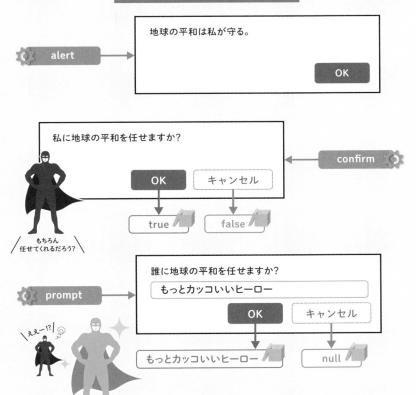

confirm は、「はい」を選ぶと true、「キャンセル」を選ぶと false
が戻り値として返されます。どちらが返されたかでプログラムの流
れを分岐させるとよいでしょう。

prompt は、「OK」を選ぶと空文字列の""、何かを入力すると入力
した文字列、「キャンセル」を選ぶと null という特殊な値（何も入っ
ていないという意味）が戻り値として返されます。

● タイマーの機能をもつメソッド

　「何秒後に所定のコードを実行したい」「一定時間ごとに所定のコードを繰り返し実行したい」という場合に使えるタイマー機能です。

> window.setTimeout（実行する関数, 待ち時間）
>
> window.setInterval（実行する関数, 待ち時間）
>
> ※ time out/interval…英語の「時間切れ / 間隔」の意味

　setTimeoutは、待ち時間（単位はミリ秒）が経過すると引数で指定した関数を実行します。setIntervalは待ち時間（単位はミリ秒）ごとに指定した関数を実行します。

　どちらも戻り値としてタイマーの番号を返します。時計の製造番号のようなものです。この番号を引数として以下のメソッドを呼び出すと、そのタイマーは停止します。setTimeoutのタイマーを停止するときはclearTimeout、setIntervalのタイマーを停止するときはclearIntervalを呼び出します。

> window.clearTimeout（タイマーの番号）
>
> window.clearInterval（タイマーの番号）
>
> ※ clear…英語のクリア「解除する」の意味

タイマーを使う

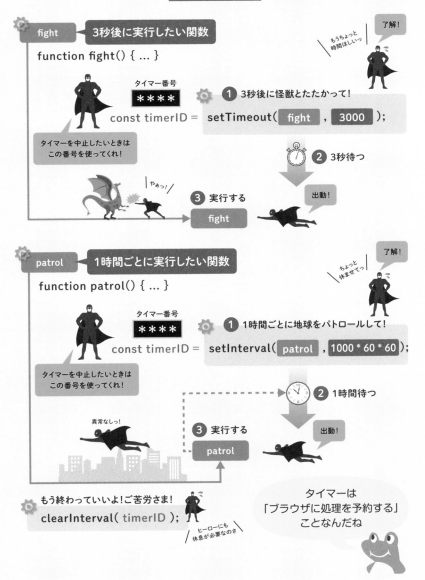

fight　**3秒後に実行したい関数**

function fight() { ... }

タイマー番号
****

① 3秒後に怪獣とたたかって！

const timerID = setTimeout(fight , 3000);

タイマーを中止したいときは
この番号を使ってくれ！

② 3秒待つ

③ 実行する
fight

やぁっ！

出動！

もうちょっと
時間ほしいっ

了解！

---

patrol　**1時間ごとに実行したい関数**

function patrol() { ... }

タイマー番号
****

① 1時間ごとに地球をパトロールして！

const timerID = setInterval(patrol , 1000 * 60 * 60);

タイマーを中止したいときは
この番号を使ってくれ！

② 1時間待つ

③ 実行する
patrol

異常なしっ！

出動！

ちょっと
休ませてっ

了解！

もう終わっていいよ！ご苦労さま！

clearInterval(timerID);

ヒーローにも
休息が必要なのさ

タイマーは
「ブラウザに処理を予約する」
ことなんだね

洗濯機クラスの作り方（発展）

　P142の洗濯機クラスを実際に定義して、メーカーＡの洗濯機をインスタンス化するコードは次のように書きます。

```
// 洗濯機クラスの定義
class WashingMachine {
 // インスタンス初期化のための特別な関数
 constructor(maker, type, shape, capacity) {
  this.maker    = maker;
  this.type     = type;
  this.shape    = shape;
  this.capacity = capacity;
 }
 // 洗濯機クラスのメソッド
 wash() {
  console.log('只今洗濯中');
 }
}


// メーカーＡの洗濯機を生成して洗濯する
const sentaku = new WashingMachine('メーカーＡ', '全自動', '縦型', '7.5kg');
sentaku.wash(); //「只今洗浄中」が出力される
```

JavaScriptでHTMLを
書き換える方法を学ぼう

HTMLタグの ツリー構造とノード

DOMとDocumentオブジェクト

Chapter01（P23）で外観したように、すべてのウェブページは<html>タグを頂点とするツリー構造を持ち、これをDOM（Document Object Model）と呼びます。

DOMは、その名があらわすとおり、HTMLの文書構造をオブジェクトの集まりとみなす考え方です。ブラウザのコンテンツ領域をあらわすDocumentオブジェクトは、DOMをオブジェクト化したもので、JavaScriptなどのプログラムでDOMを操作するときに使われます。

HTMLElementオブジェクト

Documentオブジェクトのメソッドを使うと、DOMを構成するひとつひとつのノード（DOMツリーの節）をHTMLElementオブジェクトとして取り出すことができます。HTMLElementオブジェクトはHTML要素を抽象化したオブジェクトで、タグの要素内容や属性にアクセスするプロパティやメソッドを持っています。また、右の図のようにDOMのツリーをたどって別のノードにアクセスしたり、ノードの追加や削除ができます。これらの手段を組み合わせると、ページ内のHTMLをJavaScriptで自由に変更することが可能になります。

DOMはオブジェクトの集まり

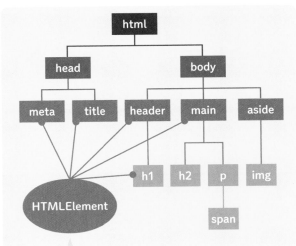

木の枝を自由に
操作するための
オブジェクトなんだね

Point！

ノードはDOMツリーの節にあたる部分を指す（構造上の）呼び名です。
HTML文書のDOMでは要素をあらわすオブジェクトがノードになるの
で、DOMの解説ではノードと要素は同じ意味で使われることがあります。

Documentオブジェクト

 Documentオブジェクトの役割

Documentオブジェクトは、特定の要素を探し出して取得したり、ページのURLやタイトルを読み書きするなど、文書全体に関わる機能を持っています。このオブジェクトはWindowオブジェクトのプロパティなので、winodw.documentもしくはdocumentと書いて使います。

 Documentオブジェクトのプロパティ

Documentオブジェクトは非常にたくさんのプロパティを持っています。重要なプロパティだけ見ておきましょう。

重要なプロパティ

プロパティ	説明
head	head要素を返す
body	body要素を返す
title	現在のページのタイトル（titleタグの内容）を返す
URL	現在のページのURLを返す
referrer	現在のページのリンク元（ひとつ前のページ）のURLを返す
cookie	クッキーの内容を返す／追加する

Documentオブジェクトのメソッド

DOMのツリーから特定のノードを探し出して取得するには querySelectorとquerySelectorAllを使います。他の方法もあります が、詳しくは章末のコラム（P200）を参照してください。

重要なメソッド

メソッド	説明
querySelector(selector)	**文書全体から**、引数で指定したCSSセレクタに一致する最初の要素を取得して返す
querySelectorAll(selector)	**文書全体から**、引数で指定したCSSセレクタに一致する全ての要素を取得してリストで返す

query…クエリー（要求する、問い合わせる）

次のコードは、ページ全体で最初にあらわれるh1要素と、全ての p要素を変数に取得する例です。

```
let h = document.querySelector("h1");  // 最初のh1要素
let p = document.querySelectorAll("p"); // 全てのp要素
```

querySelectorAllの戻り値は、配列によく似たNodeListという名 前のオブジェクトです。次のページで解説します。

NodeList オブジェクト

NodeList オブジェクトとは？

NodeList オブジェクトは、DOM のノードを配列のようにまとめたリスト状のオブジェクトです。

NodeList オブジェクトのプロパティ

リストの長さ（ノードの個数）をあらわす length プロパティがあります。使い方は配列オブジェクトの length プロパティ（P152）と同じです。

NodeList オブジェクトのメソッド

リスト内の特定のノードを返す item メソッドがあります。

次のコードは、文書内から全てのリンク（a要素）を取得して、タグに書かれた内容をコンソールに出力します。

```
let links = document.querySelectorAll("a");
for (let i = 0; i < links.length; i++) {
  console.log(links.item(i)); // i番目のノードを出力
}
```

\Column/

NodeListから「何番目」を取り出す2つの方法

NodeListから特定のノードを取り出すには、itemメソッドの引数に要素番号を指定する方法と、配列と同じように[]の中に番号を指定する方法があります。

次のコードはどちらも0番目のノードを取り出します。

```
let links = document.querySelectorAll("a");
console.log(links.item(0)); // 0番目のノードを出力
console.log(links.item[0]); // 0番目のノードを出力
```

JavaScriptの構文では配列要素を[]であらわしますが、配列の構文が異なる他のプログラム言語では同じ書き方が使えません。

そこで、JavaScript以外の言語でも同じように扱えるようにitemメソッドが用意されています。NodeListを扱う処理系はitemメソッドを実装することをDOMの仕様書が要求しているからです。

他の言語へプログラムを移植する可能性がある場合は、[]ではなくitemメソッドを使った書き方をしておくとよいでしょう。

HTMLElement オブジェクト

 HTMLElement オブジェクトのプロパティ

　HTMLElement オブジェクトは非常にたくさんのプロパティを持っています。重要なプロパティだけ見ておきましょう。

重要なプロパティ

プロパティ	説明
id	要素のid属性値を返す／設定する
innerHTML	要素内容のHTMLを文字列で返す／設定する
outerHTML	その要素のタグを含むHTMLを文字列で返す／設定する
innerText	要素内容のテキストを文字列で返す／設定する
clientHeight	要素の内部の高さを返す
clientWidth	要素の内部の幅を返す
nextElementSibling	直後の要素（弟要素）を返す
previousElementSibling	直前の要素（兄要素）を返す
firstElementChild	最初の子要素を返す
lastElementChild	最後の子要素を返す

next…次の　previous…前の　sibling…兄弟　child…子ども

　これらのプロパティを図にすると右のようになります。

プロパティのイメージ

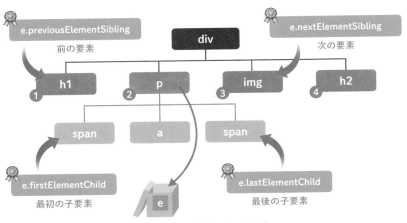

```
let e = document.querySelector("p");
```
文書全体からp要素を探す

e.outerHTML　`<p><span>...</span><a>...</a><span>...</span></p>`

e.innerHTML　`<span>...</span><a>...</a><span>...</span>`

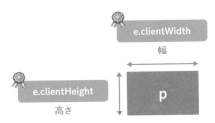

　図の変数 e は❷の p 要素を指すので、e.previousElementSibling は❶の h1 要素を指し、e.nextElementSibling は❸の img 要素を指します。次のようにすれば、さらに後ろの要素を取得できます。

```
let next = e.nextElementSibling;      // next は❸の要素を指す
next = next.nextElementSibling;       // next は❹の要素を指す
```

HTMLElement オブジェクトのメソッド

　要素自身の属性を読み書きするメソッドや、ノードの検索・追加・削除を行うメソッドがあります。

重要なメソッド

メソッド	説明
getAttribute(key)	属性keyの値を返す
setAttribute(key,value)	属性keyに値valueを設定する
querySelector(selector)	**子孫ノードから、** 引数で指定したCSSセレクタに一致する最初の要素を取得して返す
querySelectorAll(selector)	**子孫ノードから、** 引数で指定したCSSセレクタに一致する全ての要素を取得してリストで返す
closest(selector)	**祖先ノードから、** 引数に指定したCSSセレクターに該当する最も近い位置にある要素を返す
appendChild(node)	引数に指定したノードを子ノードの最後尾に追加する
insertBefore(node)	引数に指定したノードを直前に追加する
removeChild(node)	引数に指定したノードを子ノードから削除する
addEventListener()	要素のイベントを扱うハンドラを登録する（P196で解説します）

attribute…属性（アトリビュート）　closest…最も近い　append…末尾に加える
insert…差し込む　remove…取り除く　add…追加する　listener…聞き手（リスナー）

ノードを検索・追加・削除するメソッド

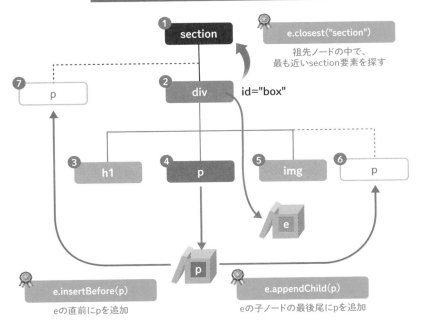

```
let e = document.querySelector("#box");
```
文書全体からid="box"の要素を探す

```
let p = e.querySelector("p");
```
要素eの子孫ノードからp要素を探す

　図の変数eは❷のdiv要素を指すので、e.closest("section")は❶のsection要素を指し、e.querySelector("p")は❹のp要素を指します。

　❹を変数pに取得してからe.appendChild(p)を実行すると、❷の子ノードの最後（❻の場所）にp要素が移動します。e.insertBefore(p)を実行すると、❷の直前（❼の場所）にp要素が移動します。

　p要素が❹の場所にあるときe.removeChild(p)を実行すると、❹のノードが削除されます。

HTMLElement オブジェクトの使い方

　ざっと重要なプロパティとメソッドを紹介してきましたが、慣れないうちは何をしたいときにどれを使えばよいのか迷います。用途別の使用例を見て整理しておきましょう。

● 要素を取得したい（検索したい）場合

　文書全体から特定の要素を取得するには次のように書きます。

```
let h = document.querySelector("h1");  // 最初のh1要素
let p = document.querySelectorAll("p"); // 全てのp要素
```

> Point ！
> **複数の要素が該当することがわかっている場合は、リストを返す
> querySelectorAllを使います。**

　文書全体ではなく特定の要素 e の子孫ノードの中から取得するには次のように書きます。

```
let h = e.querySelector("h1"); // 要素e内の最初のh1要素
```

要素の属性を読み書きしたい場合

要素の属性を読み書きするには次のように書きます。この例はimg
要素が変数eに入っているものとします。

```
// <img src="img1.jpg" alt="">
console.log(e.getAttribute("src"));    // img1.jpgが出力される
e.setAttribute("img2.jpg");            // src属性を書き換える
console.log(e.getAttribute("src"));    // img2.jpgが出力される
```

要素内容を読み書きしたい場合

要素の内容を読み書きするには次のように書きます。この例はp要
素が変数eに入っているものとします。

```
// <p>I'm hero!</p>
console.log(e.innerHTML);              // I'm hero! が出力される
e.innerHTML = "You are hero!";         // 内容を書き換える
console.log(e.innerHTML);              // You are hero! が出力される
```

● 別の要素を取得したい場合（兄弟要素）

特定の要素eから見て、DOMツリーで隣にある要素（兄弟要素）を取得するには次のように書きます。

```
// <p>兄要素</p>
// <p>要素e</p>
// <p>弟要素</p>
let prev = e.previousElementSibling;    // 兄要素
let next = e.nextElementSibling;        // 弟要素
```

● 別の要素を取得したい場合（祖先要素）

特定の要素eから見て、DOMツリーで上にある要素（祖先要素）を取得するには次のように書きます。

```
// 祖先要素の中で、クラス名にboxを持つ最も近い要素
let box = e.closest(".box");
// 祖先要素の中で、最も近い場所にあるsection要素
let sec = e.closest("section");
```

● 別の要素を取得したい場合（子孫要素）

　特定の要素eから見て、DOMツリーで下にある要素（子孫要素）を取得するには次のように書きます。

```
let h = e.querySelector("h1");  // 最初のh1要素
let p = e.querySelectorAll("p"); // 全てのp要素
```

● 要素を追加したい場合

　特定の要素eの直前およびeの子要素の最後尾に、別の要素e2を追加するには次のように書きます。

```
e.insertBefore(e2); // eの直前にe2を追加
e.appendChild(e2); // eの子要素の最後尾にe2を追加
```

● 要素を削除したい場合

　特定の要素eから子要素e2を削除するには次のように書きます。

```
e.removeChild(e2); // eの子要素からe2を削除
```

イベントを扱う

イベントとは？

　プログラミングの世界では、アプリケーションで発生する様々なできごとを**イベント**（event）と呼びます。

　右の表は、ブラウザで発生する主なイベントです。たとえばスクロールイベントはマウスやキーボードでウィンドウのスクロールバーを動かしたとき自動的に発生し、それを検知したブラウザはページの内容をスクロールさせます。

　このように、イベントは主にユーザーの操作に反応して何らかの動作を引き起こすきっかけを提供してくれます。

イベントの発生を待ち受ける

　ブラウザは私たちが何もコードを書かなくても常に右の表のようなイベントの発生を監視しています。JavaScriptには、あらかじめ用意しておいた処理を、イベントが発生したときにブラウザから呼び出してもらう仕組みがあります。ブラウザに処理の予約をするイメージです。通常、この処理は関数として作成し、その役割から**イベントハンドラ**と呼びます。ハンドラとは英語のhandler（何かを取り扱うもの）の意味です。

ブラウザで発生する主なイベント

イベントの名前	イベントが発生するタイミング
load	ページに依存する全てのリソース（スタイルシートや画像など）の読み込みが完了したとき
resize	ウィンドウのサイズが変わったとき
scroll	画面がスクロールしたとき
submit	フォームの送信ボタンが押されたとき
click	要素がクリックされたとき
dblclick	要素がダブルクリックされたとき
contextmenu	要素が右クリックされたとき
keydown	（何らかの）キーが押されたとき
keyup	（何らかの）キーが押された状態から解放されたとき
mousedown	要素の上でマウスのボタンが押されたとき
mousemove	要素の上をマウスのカーソルが移動しているとき
mouseup	要素の上でマウスのボタンが離されたとき
dragstart	ドラッグ操作を始めたとき
drag	ドラッグ操作が実行中のとき
dragend	ドラッグ操作が終わったとき
drop	要素がドロップ可能な場所にドロップされたとき

普段何気なく行っている
操作の裏でこんなイベントが
発生しているんだね

イベントハンドラの使い方

JavaScriptでイベントを扱うには、「どの要素に発生する」「どのイベントを」「どの関数に処理させるか」の3つを決めることが必要です。

elementという要素に発生するeventというイベントをhandlerという関数に処理させる場合の書式は次のとおりです。

書式

```
element.addEventListener(event, handler);
```

次のコードは、イベントハンドラの使用例です。ボタンがクリックされたらメッセージが表示されます。

【HTML】

```html
<button id="btn">ハンドラを起動する</button>
```

【JavaScript】

```javascript
function showMessage() {
  alert("ハンドラが起動しました！");
}
let e = document.querySelector("#btn");
e.addEventListener("click", showMessage);
```

イベントハンドラ

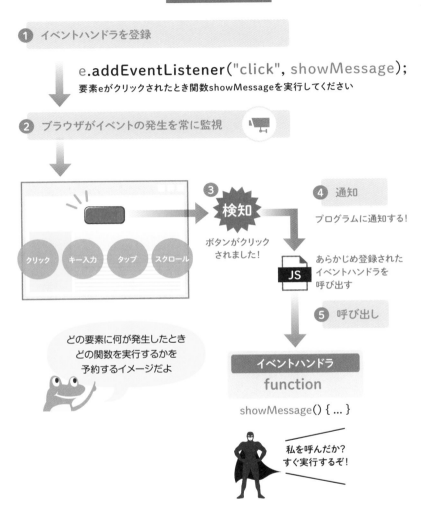

① イベントハンドラを登録

```
e.addEventListener("click", showMessage);
```
要素eがクリックされたとき関数showMessageを実行してください

② ブラウザがイベントの発生を常に監視

③ 検知

ボタンがクリック
されました！

クリック　キー入力　タップ　スクロール

④ 通知

プログラムに通知する！

JS あらかじめ登録された
イベントハンドラを
呼び出す

⑤ 呼び出し

どの要素に何が発生したとき
どの関数を実行するかを
予約するイメージだよ

イベントハンドラ

function

showMessage() { ... }

私を呼んだか？
すぐ実行するぞ！

DOMの要素を取得する他の方法

本章で解説したquerySelectorとquerySelectorAllのほかにも、要素を取得するメソッドがあります。

```
// 引数に指定したIDをもつ要素を取得する
document.getElementById(id);
// 引数に指定した要素名を持つ要素を取得する
document.getElementsByTagName(name);
element.getElementsByTagName(name);
// 引数に指定したクラス名を持つ要素を取得する
document.getElementsByClassName(class);
element.getElementsByClassName(class);
```

　querySelectorとquerySelectorAllを覚えておけば、これらのメソッドを使う場面はないかもしれませんが、ずっと昔から存在するメソッドということで、いまでも多くの入門書や学習サイトに解説が載っています。querySelectorとquerySelectorAllに比べると実行速度が速いのがメリットですが、体感レベルでは大きな差はないと考えてよいでしょう。

↓

ブラックジャックを作ろう
（プログラムの基盤づくり）

ゲームのルール

ブラックジャックとは？

　ブラックジャックはトランプを使った対戦ゲームです。最初は1枚ずつカードが配られ、2枚目からはお互いに任意でカードを引いて手札に加えていきます。ただし、手持ちのカードの合計が21を超えてしまうと負けなので、「次のカードを引いたら21を超えそうだ」と思ったら引くのをやめます。そして、お互いにカードを引くのをやめたときに数字の合計が大きいほうが勝ちです。

　なお、J（ジャック）、Q（クイーン）、K（キング）のカードは10と数えます。A（エース）のカードは特別で、1と数えても11と数えても構いません。たとえば自分が8とAのカードを持っていて相手が10と7のとき、相手の合計は17ですが、自分の合計を8 + 1 = 9ではなく8 + 11 = 19と数えると勝ちです。

本書だけの特別ルール

　本書では以下の特別ルールを設定することとします。

【ルール1】対戦相手はコンピューター（COM）です。COMは自動でカードを引きます。

【ルール2】カードはお互いに最大5枚までしか引けません。

【ルール3】実際のブラックジャックではお互いに相手のカードは見えないのですが、本書では相手のカードが見えます。

完成イメージ

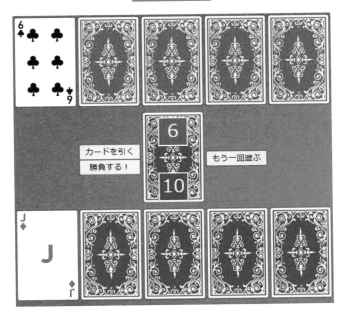

自分は青（下）、
相手は赤（上）
だよ

Point！
本書では、わかりやすくするために自分と相手のカードの色を変えていますが、ゲームは1組のトランプを使って行います。

　裏向きのカードの絵は、お互いに画面中央から引いたカードを置く場所（まだカードの数字は決まっていない）をあらわしています。最初から5枚のカードが配られているのではないことに注意してください。

ゲームの進み方

　ゲームはカードの画像をCSS（スタイルシート）で配置したHTML
ページ上で行います。

　ページを表示すると、ゲーム画面が表示されます。画面の中央に
はカードの山が置いてあり、ここからカードを引いていきます。❶
最初はランダムなカードが1枚ずつ自動で配られます。❷カードを
引くボタンを押すたびに、お互いに山から次のカードを引いて手札
に加えます。❸「勝負する！」ボタンを押すと勝敗が表示され、ゲー
ムが終了します。❹「もう一回遊ぶ」を押すと、画面がゲームの開始
時点に戻って再びカードが1枚ずつ配られます。

　また、画面の中央にはお互いの手札の合計を表示し、カードを引
くたびに自動で再計算します。

\Column/

イベントをきっかけに進むプログラム

　Chapter07までの解説で例に挙げてきたコードは、プログラムが始まる
と自動的に最後まで処理が進んでいくものばかりでしたが、ゲームの場合は
「ページが表示されたとき」「ユーザーがボタンやリンクを押したとき」といっ
たイベントをきっかけに処理が進んでいきます。

　イベントの発生をきっかけに処理が進んでいくプログラムの実行形態を**イ
ベントドリブン**（event driven：イベント駆動）と呼びます。P196を振り返っ
て、イベントハンドラの使い方を確認しておきましょう。

ゲームの進み方

❶ゲーム開始。最初のカードを配る

❷順番にカードを1枚ずつ引く

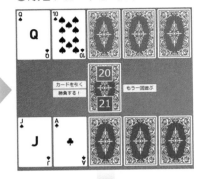

❹最初に戻る

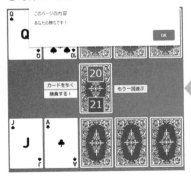

❸勝敗を判定する

最初のカードを
配るとき以外は
ボタンを押して
進んでいくよ

プログラムの大まかな 流れを考えよう

 大きなプログラムを作り上げるコツ

　ハイキングをするとき何も計画せずにゴールを目指すのは無謀です。迷わずにゴールするためには、まず出発地点からゴールまでに通る道を決めて、その途中にいくつかの中間地点を設定します。必要に応じて、中間地点と中間地点の途中で目印になりそうな場所を地図で探しておきます。そうして目印をたよりに進んでいくと、迷わずにゴールできるでしょう。

　プログラムもハイキングと同じです。まずゴールにたどり着くための大まかな道（中間地点）を決めてから、その次に中間地点にたどり着くための細かな道（目印）を決めます。この段階ではまだコードは書かずに、日本語でよいので大まかな道筋を書き出します。その道筋に沿っていくとゴールにたどり着けるかどうか、ゴールにたどり着けない道がないかどうかをチェックします。チェックした結果、間違いや矛盾が見つかったら、道筋を修正します。道筋が完成したら、プログラムのコード（物理的な道）に置き換えていく段階に移ります。道筋を決めずにコードを書くと、必ず迷子になってしまうでしょう。

> Point !
> **複雑なモノを組み立てるときは、手探りや思いこみで作り始めるのではなく、まず大まかな骨組みを作ってから細かな部分を作りこんでいくのがコツです。**

ハイキングとプログラミングは似ている

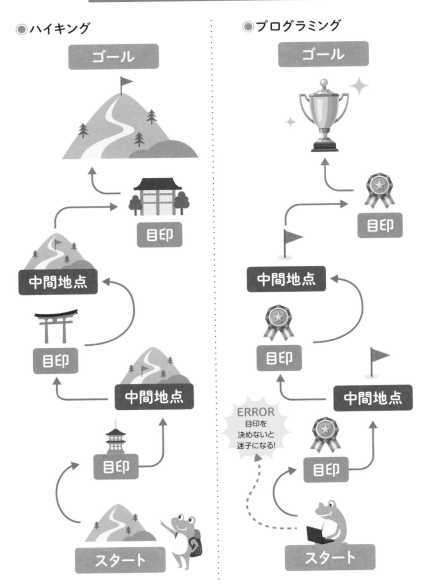

●ハイキング

ゴール

目印

中間地点

目印

中間地点

目印

スタート

●プログラミング

ゴール

目印

中間地点

目印

中間地点

ERROR
目印を
決めないと
迷子になる!

目印

スタート

大まかなフローチャート

　プログラムの大まかな流れを書き表したものが右のフローチャートです。先ほど見たように、このゲームはイベントの発生をきっかけに進んでいくので、フローチャートもイベントごとに分けることができます。ただし、画面の中央に置かれたカードの山や、自分と相手のカードをあらわすデータは、全てのイベントから参照できなければ困ります。いいかえると、グローバルスコープ（P134）に保持しておかなければなりません。そのため、イベントの外側で宣言してグローバル変数にします。

🐸 初期表示（ページの読み込み完了イベント）

　このイベントには、画面中央にあるカードの山からお互いに最初のカードを自動で引く処理を書きます。

🐸 カードを引く（ボタンのクリックイベント）

　このイベントには、お互いに次のカードを引く処理を書きます。相手は手持ちのカードの合計が21を超えてしまわないように自動で考えて、引くか引かないかを判断します。

🐸 勝負する（ボタンのクリックイベント）

　このイベントには、お互いのカードの合計を比べて勝敗を画面に表示する処理を書きます。

🐸 もう1回遊ぶ（ボタンのクリックイベント）

　このイベントには、ゲームをリセットして画面を最初の状態に戻す処理を書きます。

大まかなフローチャート

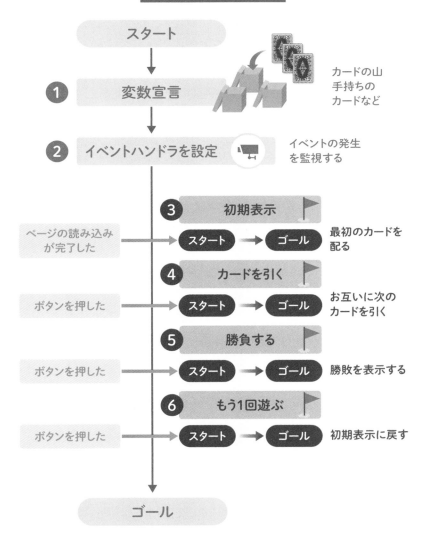

③〜⑥のイベントが発生したときに実行する処理を予約するため
に、②でイベントハンドラ（P198）を設定します。

日本語でプログラムを書く（コメントコーディング）

　ここまでのフローチャートを少しだけプログラムらしい書き方に近づけてみましょう。とは言っても、まだ変数の名前も決めていないので、具体的なコードは書けません。そこで、右ページのように日本語のコメントでプログラムの手順だけを書きます。

　たとえば初期表示のイベントが発生したとき実行する処理はイベントハンドラ用の関数として書くことになるので、「初期表示」という日本語名の関数を書いておきます（イベントを思い出せない場合はP196に戻ってください）。このイベントではお互いに最初のカードを引いて手札に加えますが、「お互い」というのは自分と相手が順番に行動することを意味します。また、引いたカードは画面の表示に反映しなければなりません。このように考えると、初期表示で行うことは大きく分けて「自分がカードを引く」「相手がカードを引く」「画面を更新する」の３つになります。このくらい大雑把で構わないので、処理の手順を日本語のコメントで書いていきます。最終的にはコメントの下に具体的なコードを書いていきますが、今は**全体的な流れを見失わないための目印を書いている**と思ってください。

> **用語説明**
> 「やりたいこと」の筋道をコメントを使って言語化するプログラミング方法を**コメントコーディング**と呼びます。

プログラムの全体像を日本語で書く

```
/***********************************************
    グローバル変数
***********************************************/

// カードの山
// 自分のカード
// 相手のカード


/***********************************************
    イベントハンドラの割り当て
***********************************************/

// ページの読み込みが完了したとき実行する関数を登録
// 「カードを引く」ボタンを押したとき実行する関数を登録
// 「勝負する！」ボタンを押したとき実行する関数を登録
// 「もう1回遊ぶ」ボタンを押したとき実行する関数を登録


/***********************************************
    イベントハンドラ
***********************************************/

// ページの読み込みが完了したとき実行する関数
function 初期表示() {
    // 自分がカードを引く
    // 相手がカードを引く
    // 画面を更新する
}

// 「カードを引く」ボタンを押したとき実行する関数
function カードを引く() {
    // 自分がカードを引く
    // 相手がカードを引く
    // 画面を更新する
}

// 「勝負する！」ボタンを押したとき実行する関数
function 勝負する() {
    // 勝敗を判定する
    // 勝敗を画面に表示する
}

// 「もう1回遊ぶ」ボタンを押したとき実行する関数
function もう1回遊ぶ() {
    // 画面を初期表示に戻す
}
```

① 🚩
② 🚩
③ 🚩
④ 🚩
⑤ 🚩
⑥ 🚩

「変数宣言」の処理を詳細化しよう

 グローバル変数を決める

このゲームにはどのような変数が必要でしょうか？ すぐ思いつくのは、画面の中央に置くカードの山や、自分と相手が引いたカードを覚えておく変数でしょう。これらは配列にすれば扱いやすくなります。ほかに必要な変数はないでしょうか？

もしも、「勝負する」ボタンが押された後、続けて「カードを引く」ボタンが押されるらどうなるでしょうか？ いったん勝敗が決まってゲームは終了しているはずなのに、何事もなかったかのように次のカードが引かれてしまうでしょう。それではゲームが成り立ちません。

イベントドリブンなプログラムでは、ユーザーがどのボタンをどんな順番で押すかで処理の順番が変わります。これは当然のことですし、避けようがありません。しかし、プログラムを正しく動かすためには、「このボタンを押すまでは、あのボタンは押せないようにしたい」という制御が必要になります。

このような場合は、プログラムの進行状況を覚えておくための変数を用意します。ここでは勝敗が決まったかどうか（ゲームが終わったかどうか）をあらわす論理型（P56）の変数を追加して、勝敗決定フラグと名付けることにしましょう。フラグがfalseなら勝敗が未決定という意味で、フラグがtrueなら勝敗が決まったという意味にします。

グローバル変数を決める

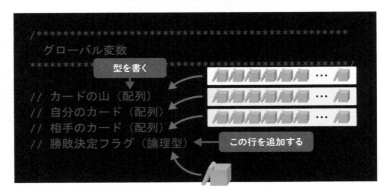

変数の
データ型も
決めておこう

用語説明

フラグは英語の旗（flag）のことで、プログラミングの世界では旗の揚げ
降ろしをスイッチのオンとオフに見立てて真偽値型の変数としてよく利
用されます。

イベントハンドラの割り当て

 利用するイベントは2種類

4つのイベントのうち、初期表示のイベントはWindowオブジェクトのloadイベント（P197）を利用します。ページの読み込みが完了したかどうかを知っているのはWindowオブジェクトだからです。

書式

```
window.addEventListener("load", 関数名 );
```

残りの3つはボタンが押されたときのイベントを監視すればよいので、clickイベント（P197）を利用します。

書式

```
let element = document.querySelector("#ボタンのID");
element.addEventListener("click", 関数名 );
```

これを次のように1行で書くこともできます。

書式

```
document.querySelector("#ボタンのID").addEventListener("click", 関数名 );
```

イベントハンドラを割り当てる

この行を追加する

```
/*********************************************
  イベントハンドラの割り当て
*********************************************/

// ページの読み込みが完了したとき実行する関数を登録
window.addEventListener("load", 初期表示);

// 「カードを引く」ボタンを押したとき実行する関数を登録
document.querySelector("#ボタンのID").addEventListener
("click", カードを引く);

// 「勝負する！」ボタンを押したとき実行する関数を登録
document.querySelector("#ボタンのID").addEventListener
("click", 勝負する);

// 「もう1回遊ぶ」ボタンを押したとき実行する関数を登録
document.querySelector("#ボタンのID").addEventListener
("click", もう1回遊ぶ);
```

addEventListener
の使い方を
確認しておこう
（P198）

メソッドの連鎖（メソッドチェーン）

　なぜイベントの割り当てが1行で書けるのか疑問を感じませんでしたか？　説明もなく新しい文法を登場させたわけではありません。すでに学んだことが形を変えて登場したということに気づいたでしょうか？

　次のコードは5を返す架空の関数getFive()の戻り値が変数resultに入るまでの流れを示しています。

```
let result = getFive();
              ↓ 5
   result = 5;
```

　戻り値を返す関数は、呼び出されて実行が終わると、呼び出した場所（関数の名前を書いた場所）が戻り値に置き換わるのでした（P131参照）。この仕組みは、戻り値が数値や文字列などのプリミティブ型（P52）であろうとオブジェクト型であろうと同じです。もしも戻り値がオブジェクトだったら、関数名の場所にオブジェクトを書いたのと同じです。

```
let result = 関数名 ();
              ↓オブジェクト
   result = オブジェクト；
```

一方、オブジェクトのメソッドは次のように使うのでした（P142）。

書式

```
オブジェクト名.メソッド名()
```

　このことから、オブジェクトを返す関数を呼び出してそのオブジェクトのメソッドAを実行したい場合は次のように書けます。

書式

```
関数名().メソッドA()
```

　さらにメソッドAが、メソッドBを持つオブジェクトを返す場合は、戻り値を受け取る変数を使わずに連鎖的にメソッドを実行できます。

書式

```
関数名().メソッドA().メソッドB()
```

　このように連鎖的にメソッドを呼び出す書き方を**メソッドチェーン**と呼びます。

「初期表示」の処理を 詳細化しよう

 抜けている処理を追加しよう

　ブラックジャックは最初にカードの山をシャッフルしますが、P211のコメントコーディングにはシャッフルする処理が抜けています。このままだと、何回ゲームをしてもカードの出方が同じになってしまいます。自分がカードを引く前にカードの山をシャッフルする処理を書き足しましょう。

シャッフルの処理を追加する

```
function 初期表示() {
  // シャッフル          ← この行を追加する
  // 自分がカードを引く
  // 相手がカードを引く
  // 画面を更新する
}
                                   このブロックを追加する

// カードの山をシャッフルする関数
function シャッフル() {
  for (100回繰り返す) {
    // カードの山からランダムに選んだ2枚を入れ替える
  }
}
```

シャッフルの処理を考えよう

　トランプのカードは全部で52枚（4種類のマークそれぞれにエース
（A）からキング（K）の13枚）あるので、カードの山は52個の要素を
持った配列であらわします。

　配列をシャッフルするには、「配列要素の中からランダムに2つを
選び、中身を交換する」という処理を何回も行います。たった数回で
は十分にカードが混ざりませんが、100回も行えば配列要素はかなり
ランダムに混ざるでしょう。

シャッフルの考え方

これを何回も
繰り返せば
ランダムな配列に
なるね

自分がカードを引く処理を考えよう

　自分がカードを引く処理は、初期表示のときだけでなくカードを引くボタンを押したときにも行います。そのため、右ページのように関数（P122）にしておいて、何度でも再利用できるようにするのがよいでしょう。ここも今はまだ詳細なコードを考えずに、日本語で処理の流れをコメントコーディングします。

　しかし、何度でもカードを引くことができてしまっては困ります。画面には5枚までしかカードを置けないからです。どうすればよいでしょうか？

　難しく考える必要はありません。自分が持っているカードの枚数を数えて、すでに5枚あったら何もしなければよいのです。関数の最初で、「自分のカードの枚数が4枚以下かどうか？」という条件分岐を行います。そうすると、まだ画面にカードを置く場所がある場合だけカードを引くことになります。

　また、「カードを引く」という行為は、現実のゲームでは「カードの山から1枚取り出す」「取り出した1枚を自分のカードに追加する」という2つの行動に分けることができます。これをコメントコーディングすると、「カードの山（配列）から一番最後の配列要素を取り出す」を行い、次に「取り出した配列要素を自分のカード（配列）の一番最後に追加する」を行う流れになります。

自分がカードを引く処理

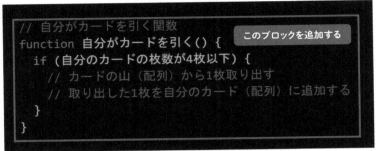

```
// 自分がカードを引く関数
function 自分がカードを引く() {                このブロックを追加する
  if (自分のカードの枚数が4枚以下) {
    // カードの山（配列）から1枚取り出す
    // 取り出した1枚を自分のカード（配列）に追加する
  }
}
```

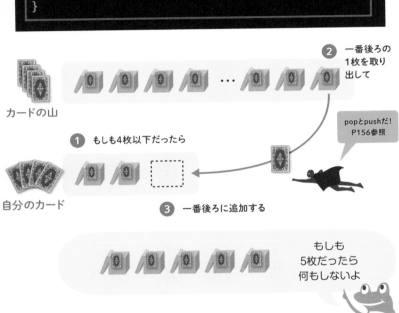

② 一番後ろの1枚を取り出して

カードの山

popとpushだ！
P156参照

① もしも4枚以下だったら

自分のカード

③ 一番後ろに追加する

もしも
5枚だったら
何もしないよ

相手がカードを引く処理を考えよう

　相手がカードを引く処理は、自分がカードを引く処理のすぐ後に続けて行います。自分がカードを引く場合との違いは、これ以上カードを引いても大丈夫かどうか（合計が21を超えてしまわないかどうか）を自動で考える点です。

　しかし、いまここで「考える」というのをどのようにプログラムしようかと悩み始めると、視野が狭くなってプログラムの全体像を見失ってしまいます。

　そこで、右ページのように、考える部分を関数にして、カードを引く関数と切り離しておきましょう。「考える関数は、引くのか引かないのか、その答えだけを返す関数にする」と決めてしまいます。そうすれば、いま関数の中身を考えなくてもコメントコーディングを進めていくことができますし、ゲームを改良して対戦人数を増やしたときに関数を再利用することもできるでしょう。

Point !

短いプログラムなら、わざわざ処理の一部分を関数として分離しなくても良いのではないかと思われるかもしれません。しかし、プログラムの長さに関係なく、独立した役目を持つ処理を関数にする習慣をつけておくと、複雑なプログラムを組み立てやすくなり、修正や変更がしやすくなるメリットがあります。

相手がカードを引く処理

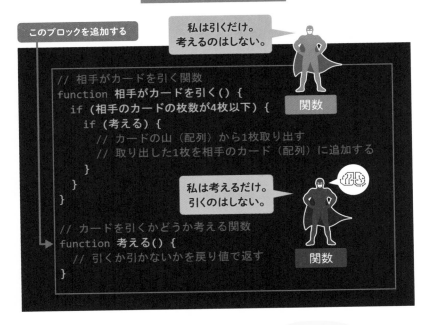

考える関数は
いわゆるAIの
役目をするよ

画面を更新する処理を考えよう

　画面の表示を更新する処理の役目は、引いたカードを画面に表示することと、手持ちのカードの合計を再計算することの2つです。実行するタイミングは、カードを引いた後です。具体的には、初期表示のときとカードを引くボタンを押したときです。

　この処理はカードを引くたびに行う必要があります。だからといって自分がカードを引く関数（P221）と相手がカードを引く関数（P223）の中に書きこんでしまうと、同じ処理を2箇所に書くことになるので、処理を書き換えるとき片方を変更し忘れてしまう可能性が出てきます。

　そこで、やはりこの処理も右ページのように関数にします。この関数は、いつ呼び出されたかに関係なく、常に「呼び出された時点でお互いが持っているカードと合計」を画面に表示します。こうすることで、画面の更新はカードを引くという行為から切り離され、プログラムのどこからでも呼び出せる使い勝手の良い部品になります。

　たとえばカードを引いたときちょうど合計が21になれば画面に「Black Jack成立！」という表示を追加したいと思ったとき、カードを引く処理の中を探さなくても、この関数が書いてある場所を探せば済みます。また、この関数の中身をどのように変更しても、カードを引く処理には一切影響しないので、プログラム変更による影響範囲を最小限に抑えることにもなります。

画面を更新する処理

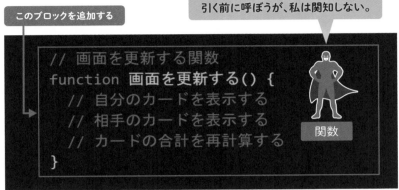

私はいつ呼ばれても画面を更新する。
カードを引いた後に呼ぼうが、
引く前に呼ぼうが、私は関知しない。

このブロックを追加する

```
// 画面を更新する関数
function 画面を更新する() {
    // 自分のカードを表示する
    // 相手のカードを表示する
    // カードの合計を再計算する
}
```

関数

いつ呼び出すかは
関数を使う側が決めるので、
関数は自分の仕事だけ
すればよい

　では次に、自分と相手のカードを表示する手順を考えていきま
しょう。

カードの絵を変更するには？

　ダウンロードデータには、青と赤のカード裏面と絵柄の入った表面の画像が入っています。そしてゲームの画面（sample.html）では`<img>`タグを使ってそれらの画像を並べています。

　画面のカードを変更するには、Chapter07で学んだ方法を使ってDOM（HTMLのツリー構造）にアクセスして、`<img>`タグのsrc属性に書かれている画像のパスを変更します。たとえばa.jpgをb.jpgに変更するには次のように書きます。

```
// <img src="a.jpg" alt="">
let img = document.querySelector("img");
img.setAttribute("src", "b.jpg");
```

> **Point ！**
> querySelectorの戻り値はHTMLElementオブジェクトなので、setAttributeでタグの属性値を変更できます（P190）。

　最初は5枚とも裏面の画像を表示しますが、カードを引いた分だけ左から表面の画像を表示します。これを、制御構文を交えてコメントコーディングすると右のようになります。5回の繰り返しを行い、手持ちのカードが3枚なら1回目と2回目と3回目は表面の画像を表示し、4回目と5回目は裏面の画像を表示します。表面と裏面のどちらを表示するかを、手持ちのカードの枚数とループカウンタのどちらが大きいかで判断するのがポイントです。

カードを表示する処理

```
// 自分のカードを表示する
for (iを5回繰り返す) {
    if (自分のカードの枚数がiより大きい) {
        // 表面の画像を表示する
    } else {
        // 裏面の画像を表示する
    }
}
// 相手のカードを表示する
for (iを5回繰り返す) {
    if (相手のカードの枚数がiより大きい) {
        // 表面の画像を表示する
    } else {
        // 裏面の画像を表示する
    }
}
```

このブロックを追加する

このブロックを追加する

毎回全部のカードを
表示しなおすのは
無駄が多い気がするが、確実だな。

直前に引いた
カードだけじゃなく、
持っている全てのカードを
表示しなおすんだね

06

「カードを引く」の処理を 詳細化しよう

 抜けている処理を追加しよう

「勝負する」ボタンが押されて勝敗が決まったらカードを引けない ようにする制御を書き足しましょう。勝敗が決まったかどうかはグ ローバル変数に追加した「勝敗決定フラグ」を見て判断します。カー ドを引いて良いのは、勝敗がまだ決まっていない場合です。

カードを引けない制御を追加する

```
// 「カードを引く」ボタンを押したとき実行する関数
function カードを引く() {
    if (勝敗が未決定) {          この行を追加する
        // 自分がカードを引く
        // 相手がカードを引く
        // 画面を更新する
    }
}
```

処理は全部再利用しよう

　「自分がカードを引く処理」「相手がカードを引く処理」「画面を更新する処理」の 3 つは、初期表示のイベントハンドラ（P218）で作成する関数を再利用して呼び出すだけです。カードを引くボタンのイベント用に、関数をコピーして増やしたり新しく作成する必要はありません。

再利用する部分

```
// ページの読み込みが完了したとき実行する関数
function 初期表示() {
    // シャッフル
    // 自分がカードを引く -------------①
    // 相手がカードを引く -------------②
    // 画面を更新する ----------------③
}

// 「カードを引く」ボタンを押したとき実行する関数
function カードを引く() {
    if (勝敗が未決定) {
        // 自分がカードを引く    ←  ①の関数を再利用
        // 相手がカードを引く    ←  ②の関数を再利用
        // 画面を更新する       ←  ③の関数を再利用
    }
}
```

「勝負する」の処理を詳細化しよう

抜けている処理を追加しよう

　「勝負する」ボタンを押すと勝敗が画面に表示されますが、「カードを引く」ボタンと同様に、このボタンもいつでも押せてしまっては困ります。一度「勝負する」ボタンが押されてすでに勝敗が決まっている場合は、押しても何もしないように制御を書き足しましょう。

　ここでも、グローバル変数に追加した「勝敗決定フラグ」を見て判断します。勝敗を表示して良いのは、勝敗がまだ決まっていない場合です。

勝敗が決まっていれば何もしない制御を追加する

```
// 「勝負する！」ボタンを押したとき実行する関数
function 勝負する() {
  if (勝敗が未決定) {        ← この行を追加する
    // 勝敗を判定する
    // 勝敗を画面に表示する
  }
}
```

230

　これで「勝負する」ボタンを何回も続けて押しても勝敗は1回しか表示されなくなりますが、実はまだ別の問題が潜んでいます。勝敗が決まってもまだカードを引くことができてしまうのです。

勝敗が決まってもカードを引ける

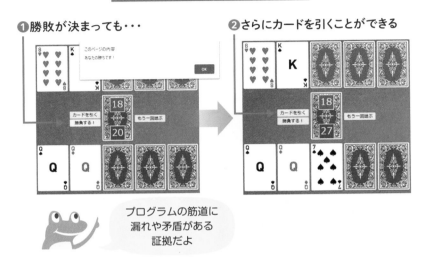

❶勝敗が決まっても・・・

❷さらにカードを引くことができる

プログラムの筋道に
漏れや矛盾がある
証拠だよ

　まだ具体的なコードを書いていないのに、どうしてこうなることがわかるのでしょうか？　「このボタンを押してからあのボタンを押すとどうなるかな？」という疑問を持ってP228やP230のコメントコーディングを眺めると気がつくのですが、そのような疑問の裏側にあるのは「最初から1回で正しいプログラムなんてできない」「確認もせず思いつくまま書いたフローチャートには絶対に間違いがあるはずだ」という注意深さです。

勝敗が決まったことを変数に記録しよう

　原因は、「勝敗決定フラグ」の値がずっと変わっていないからです。
P211 〜 P230を見返して、このフラグの値を書き換えている箇所が
ないことを確認してください。このフラグは、勝敗が決まったかど
うかを記憶させておくための変数なので、勝敗が決まったタイミン
グで値を変更しなければ役目を果たせません。このことが抜けてい
たのです。

勝敗が決まっていれば何もしない制御を追加する

```
// 「勝負する！」ボタンを押したとき実行する関数
function 勝負する() {
  if (勝敗が未決定) {
    // 勝敗を判定する
    // 勝敗を画面に表示する
    // 勝敗決定フラグを「決定」に変更    ← この行を追加する
  }
}
```

　ここまでのプログラムから、勝敗決定フラグが関係する箇所だけ
を抜き出すと右のようになります。フラグの値を追いかけながら、
正しいタイミングで正しい値に変わるかどうか確認しておきましょ
う。ここで見落としてしまうと、この先に進んだとき点検する機会
を失ってしまいかねないからです。

勝敗決定フラグが変化するタイミング

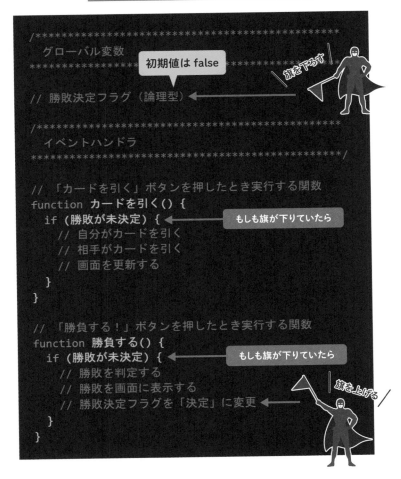

　じっくりとフラグの役目に注目してきた方は、フラグをもう一度falseに戻すタイミングがどこにもないことにお気づきかもしれませんが、次の08節で解決するので大丈夫です。これ以上フラグの管理は複雑になりません。

勝敗を判定する処理を考えよう

　勝敗の判定はこのゲームで一番難しい処理です。単純にカードの合計が大きいほうが勝ちというわけにはいかないからです。たとえば、自分の合計が22で相手の合計が23だったら、22対23で相手の勝ちではありません。どちらも21を超えてしまっているので、引き分けと判定しなければなりません。

　さらに、こんなパターンはどうでしょうか。自分のカードがA（エース）と10で、相手の合計が20だった場合です。もしもAを1と数えたら11対20で相手の勝ちになってしまいますが、11と数えたら21対20で自分の勝ちになります。Aを持っている人にとって有利なほうで数えなければならないのですが、どのようなフローチャートにすればそうなるでしょうか？　人間なら柔軟に考えられるところですが、これをプログラムにしようと思うと、条件分岐や処理の順番を適切に組み合わせなければなりません。意外と難しいのです。

　合計の数え方はChapter09でコードを書くとき詳しく考えていくので、ここでは合計がどうだったら誰の勝ちなのかを表にまとめておくことにしましょう。プログラムのポイントは、パターンを漏れなく書き出すことにあります。パターンを分ける基準を「お互いの合計が21を超えているか超えていないかの2通りにすると、誰が考えても右の表のように4つのパターンになります。数学的に考えても、対戦人数×2通り＝4通りだからです。漏れのない表に沿ってプログラムすれば、作ったプログラムも間違いのないものになります。

勝敗のパターン表

自分のカードの合計	相手のカードの合計	勝敗
21を超えている	21を超えていない	相手の勝ち
21を超えていない	21を超えている	自分の勝ち
21を超えている	21を超えている	引き分け
21を超えていない	21を超えていない	大きいほうが勝ち 同じなら引き分け

　この表にあわせて条件分岐すると、勝敗を判定する処理は次のような手順の関数になるでしょう。

勝敗を判定する処理

このブロックを追加する

```
// 勝敗を判定する関数
function 勝敗を判定する() {
    // 自分のカードの合計を求める
    // 相手のカードの合計を求める
    // 勝敗のパターン表に当てはめて勝敗を決める
    // 勝敗を呼び出し元に返す

}
```

「もう1回遊ぶ」の処理を
詳細化しよう

 ゲームを最初の状態に戻すには？

　「もう1回遊ぶ」ボタンを押したときゲームを最初の状態に戻すには、ゲーム中に書き換わった変数を元に戻したり、画面に表示しているカードの絵やお互いの合計を元に戻さなければなりません。

　一番ラクな方法は、JavaScriptでページを強制的に再読み込み（リロード）させることです。Chapter06で学んだ組み込みオブジェクトの一つであるLocationオブジェクトのreloadメソッドが使えます（P173）。ページを再読み込みすれば、HTMLの内容もJavaScriptのプログラムも、全てがもう一度読み込み直されるので、ゲームは最初の状態に戻ります。P233で頭を悩ませた「勝敗決定フラグ」も、このタイミングでfalseに戻ります。あとでこのことを思い出せるように、コメントを書き足しておきましょう。

もう1回遊ぶボタンを押したときの処理

```javascript
// 「もう1回遊ぶ」ボタンを押したとき実行する関数
function もう1回遊ぶ() {
    // 画面を初期表示に戻す                    この行を追加する
    // reloadメソッドでページを再読み込みする ←
}
```

＼Column／

デバッグ関数を作っておこう

　最初から100%正しいプログラムを書ける人はいません。筆者もこの本の
サンプルを作るのに、何回も書いたり消したりを繰り返しています。文法の
間違いはプログラミング用のエディターを使えば色やマークで教えてくれま
すが、条件分岐のパターン漏れや条件式の間違いは論理的な間違いなので、
プログラムを実行するまで気づけないことが多いのです。

　そこで、プログラムの途中で変化する重要なデータをコンソールに書き込
む関数を作り、イベントが発生したときやプログラムの流れが変わる箇所に
関数の呼び出しを書いておきます。そうすると、データがどこでどのように
変わったかをコンソールを見れば追跡できるので、間違えた箇所を特定して
修正するヒントになります。このように、プログラムの間違いを特定して修
正する作業を**デバッグ**（debug）と呼びます。

デバッグ関数の例

```javascript
function debug() {
  console.log("カードの山", カードの山);
  console.log("自分のカード", 自分のカード);
  console.log("相手のカード", 相手のカード);
  console.log("勝敗決定フラグ", 勝敗決定フラグ);
}
```

日本語でプログラムの基盤を書こう

 サンプルデータをダウンロードしよう

　本書の使い方（P5）の案内に沿ってサンプルデータをダウンロードして解凍してください。解凍したChapter08（完成前）フォルダの中に入っているsample.htmlとsample.jsを標準エディター（Windowsのメモ帳、Macのテキストエディットなど）で開くか、Visual Studio Codeで（P42）開いてください。

sample.js（完成前）

```
    ここにコードを書いていく

 1  /*******************************************
 2      グローバル変数
 3  *******************************************/
 4
 5  /*******************************************
 6      イベントハンドラの割り当て
 7  *******************************************/
 8
 9  /*******************************************
10      イベントハンドラ
11  *******************************************/
12
13  /*******************************************
14      ゲーム関数
15  *******************************************/
16
17  /*******************************************
18      デバッグ関数
19  *******************************************/
20
```

sample.html

```
1   <!DOCTYPE html>
2   <html lang="ja">
3   <head>
4   <meta charset="utf-8">
5   <title>ブラックジャック</title>
6   <link href="sample.css" rel="stylesheet">      ← CSS読み込み
7   </head>
8   <body>
9   <table id="table">                             ← ゲーム画面
10    <tr>
11      <td><img src="red.png" class="comCard" alt=""></td>
12      <td><img src="red.png" class="comCard" alt=""></td>
13      <td><img src="red.png" class="comCard" alt=""></td>
14      <td><img src="red.png" class="comCard" alt=""></td>
15      <td><img src="red.png" class="comCard" alt=""></td>
16    </tr>
17    <tr>
18      <td></td>
19      <td><button id="pick">カードを引く</button><br><butto
    n id="judge">勝負する！</button></td>
20      <td>
21        <img id="cards" src="blue.png" alt="">
22        <div id="myTotal" class="total"></div>
23        <div id="comTotal" class="total"></div>
24      </td>
25      <td><button id="reset">もう一回遊ぶ</button></td>
26      <td></td>
27    </tr>
28    <tr>
29      <td><img src="blue.png" class="myCard" alt=""></td>
30      <td><img src="blue.png" class="myCard" alt=""></td>
31      <td><img src="blue.png" class="myCard" alt=""></td>
32      <td><img src="blue.png" class="myCard" alt=""></td>
33      <td><img src="blue.png" class="myCard" alt=""></td>
34    </tr>
35  </table>
36  <script src="sample.js"></script>              ← JS読み込み
37  </body>
38  </html>
39
```

　sample.htmlにはゲームの画面が書いてあり、必要に応じてタグに
idやclassがつけてあります。プログラムを書くsample.jsも読み込
んでいるので、みなさんはsample.jsを書いていってください。

日本語でプログラムを書いてみよう

　sample.jsに、この章でコメントコーディングした日本語プログラムを追加しましょう。コードを丸写しするだけでは何も身につかないので、P208 〜 P236の話の流れを振り返ってひとつひとつの処理を「なぜ書くのか」「なんのために書くのか」を考えながら書き進めていってください。

sample.js（完成版）

```
 1   /**********************************************
 2      グローバル変数
 3   **********************************************/
 4
 5   // カードの山（配列）
 6   // 自分のカード（配列）
 7   // 相手のカード（配列）
 8   // 勝敗決定フラグ（論理型）
 9
10   /**********************************************
11      イベントハンドラの割り当て
12   **********************************************/
13
14   // ページの読み込みが完了したとき実行する関数を登録
15   window.addEventListener("load", 初期表示);
16
17   // 「カードを引く」ボタンを押したとき実行する関数を登録
18   document.querySelector("#pick").addEventListener(
     "click", カードを引く);
19
20   // 「勝負する！」ボタンを押したとき実行する関数を登録
21   document.querySelector("#judge").addEventListener(
     "click", 勝負する);
22
23   // 「もう1回遊ぶ」ボタンを押したとき実行する関数を登録
24   document.querySelector("#reset").addEventListener(
     "click", もう1回遊ぶ);
25
26   /**********************************************
```

```
27      イベントハンドラ
28  ****************************************/
29
30  // ページの読み込みが完了したとき実行する関数
31  function 初期表示() {
32      // シャッフル
33      // 自分がカードを引く
34      // 相手がカードを引く
35      // 画面を更新する
36  }
37
38  // 「カードを引く」ボタンを押したとき実行する関数
39  function カードを引く() {
40      if (勝敗が未決定) {
41          // 自分がカードを引く
42          // 相手がカードを引く
43          // 画面を更新する
44      }
45  }
46
47  // 「勝負する！」ボタンを押したとき実行する関数
48  function 勝負する() {
49      if (勝敗が未決定) {
50          // 勝敗を判定する
51          // 勝敗を画面に表示する
52          // 勝敗決定フラグを「決定」に変更
53      }
54  }
55
56  // 「もう1回遊ぶ」ボタンを押したとき実行する関数
57  function もう1回遊ぶ() {
58      // 画面を初期表示に戻す
59      // reloadメソッドでページを再読み込みする
60  }
61
62  /****************************************
63      ゲーム関数
64  ****************************************/
65
66  // カードの山をシャッフルする関数
67  function シャッフル() {
68      for (100回繰り返す) {
69          // カードの山からランダムに選んだ2枚を入れ替える
```

```
70       }
71    }
72
73    // 自分がカードを引く関数
74    function 自分がカードを引く() {
75      if (自分のカードの枚数が4枚以下) {
76        // カードの山（配列）から1枚取り出す
77        // 取り出した1枚を自分のカード（配列）に追加する
78      }
79    }
80
81    // 相手がカードを引く関数
82    function 相手がカードを引く() {
83      if (相手のカードの枚数が4枚以下) {
84        if (考える) {
85          // カードの山（配列）から1枚取り出す
86          // 取り出した1枚を相手のカード（配列）に追加する
87        }
88      }
89    }
90
91    // カードを引くかどうか考える関数
92    function 考える() {
93      // 引くか引かないかを戻り値で返す
94    }
95
96    // 画面を更新する関数
97    function 画面を更新する() {
98      // 自分のカードを表示する
99      for (iを5回繰り返す) {
100       if (自分のカードの枚数がiより大きい) {
101         // 表面の画像を表示する
102       } else {
103         // 裏面の画像を表示する
104       }
105     }
106     // 相手のカードを表示する
107     for (iを5回繰り返す) {
108       if (相手のカードの枚数がiより大きい) {
109         // 表面の画像を表示する
110       } else {
111         // 裏面の画像を表示する
112       }
```

```
113      }
114      // カードの合計を再計算する
115    }
116
117    // 勝敗を判定する関数
118    function 勝敗を判定する() {
119      // 自分のカードの合計を求める
120      // 相手のカードの合計を求める
121      // 勝敗のパターン表に当てはめて勝敗を決める
122      // 勝敗を呼び出し元に返す
123    }
124
125    /********************************************
126      デバッグ関数
127    ********************************************/
128
129    function debug() {
130      console.log("カードの山", カードの山);
131      console.log("自分のカード", 自分のカード);
132      console.log("相手のカード", 相手のカード);
133      console.log("勝敗決定フラグ", 勝敗決定フラグ);
134    }
135
```

　こうして書いてみると結構長いですが、全てのコードに役目があるので、どれが欠けてもゲームは正しく動きません。書き終えたコードをもう一度見返してください。「なぜこのような関数がいるのか？」「なぜここで繰り返しや分岐をするのか？」といった疑問が少しでも残っていれば、もう一度P208 ～ P236の話を丁寧にたどってみてください。

　疑問が晴れたらChapter09に進んでください。ゲームの完成はもうすぐです。コメントコーディングした箇所をプログラムのコードに置き換えて、実際に動くゲームを完成させましょう。

インデントの半角スペースを「見える化」しよう！

目に見えない半角スペースを見えるようにして、インデントの間違いを発見しやすくする機能がVisual Studio Codeに備わっています。ぜひ設定しておきましょう。

Visual Studio Codeで半角スペースを可視化する

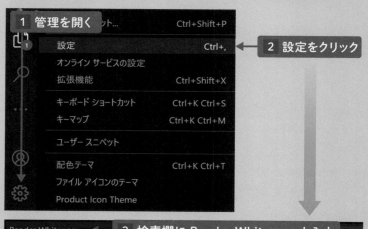

1 管理を開く

2 設定をクリック

3 検索欄に Render Whitepace と入力

4 設定を「all」に変更する

```
81      // 相手がカードを引く関数
82      function 相手がカードを引く() {
83        if (相手のカードの枚数が4枚以下) {
84          if (考える) {
85            // カードの山（配列）から1枚取り出す
86            // 取り出した1枚を相手のカード（配列）に追加する
87          }
88        }
89      }
```

半角スペースが見えるようになる

関数に名前をつける

分類	関数の名前	説明
イベントハンドラ	loadHandler	ページの読み込みが完了したときブラウザが呼び出す
イベントハンドラ	clickPickHandler	「カードを引く」ボタンを押したときブラウザが呼び出す
イベントハンドラ	clickJudgeHandler	「勝負する！」ボタンを押したときブラウザが呼び出す
イベントハンドラ	clickResetHandler	「もう1回遊ぶ」ボタンを押したときブラウザが呼び出す
ゲーム関数	shuffle	カードの山をシャッフルする
ゲーム関数	pickMyCard	自分がカードを引いて手札に加える
ゲーム関数	pickComCard	相手がカードを引いて手札に加える
ゲーム関数	pickAI	相手がカードを引くか引かないかを考える
ゲーム関数　※	getTotal	手札の合計を計算する
ゲーム関数	updateView	画面を更新する
ゲーム関数　※	getCardPath	カードの画像パスを求める
ゲーム関数	judge	勝敗を判定する
ゲーム関数　※	showResult	勝敗を画面に表示する
デバッグ関数	debug	グローバル変数をコンソールに出力する

イベントハンドラの 割り当て

 ボタンのセレクタを調べよう

　ボタンのクリックイベントを設定するには、querySelectorメソッドにボタンのセレクタを指定します。CSSを書く場合のセレクタと同じなので、IDなら「#」+「ID属性の値」と書きます。

　sample.htmlを開いて、ボタンのIDを確認しましょう。❶カードを引くボタン（id="pick"）、❷勝負するボタン（id="judge"）、❸もう一回遊ぶボタン（id="reset"）それぞれのIDを使って、セレクタを指定しましょう。

 ハンドラの名前を書き換えよう

　イベントハンドラを設定するには、実行したい関数の名前をaddEventListenerメソッドの2番目の引数に指定します。前のページの表を見て、関数の名前を書き換えましょう。

イベントハンドラの割り当て（完成版）

sample.html

```
19  <td><button id="pick">カードを引く</button><br><bu
    tton id="judge">勝負する！</button></td>
20  <td>
21    <img id="cards" src="blue.png" alt="">
22    <div id="myTotal" class="total"></div>
23    <div id="comTotal" class="total"></div>
24  </td>
25  <td><button id="reset">もう一回遊ぶ</
```

❶ ❷ ❸

> ボタンのIDをセレクタに使おう

sample.js

```
17  /**********************************************
18     イベントハンドラの割り当て
19  **********************************************/
20
21  // ページの読み込みが完了したとき実行する関数を登録
22  window.addEventListener("load", loadHandler);
        ページの読み込みが完了したら　　この名前の関数を実行する
23
24  //「カードを引く」ボタンを押したとき実行する関数を登録
25 ❶document.querySelector("#pick").addEventListener(
    "click", clickPickHandler);    このIDのボタンがクリックされたら
        この名前の関数を実行する
26
27  //「勝負する！」ボタンを押したとき実行する関数を登録
28 ❷document.querySelector("#judge").addEventListener
    ("click", clickJudgeHandler);  このIDのボタンがクリックされたら
        この名前の関数を実行する
29
30  //「もう1回遊ぶ」ボタンを押したとき実行する関数を登録
31 ❸document.querySelector("#reset").addEventListener
    ("click", clickResetHandler);  このIDのボタンがクリックされたら
        この名前の関数を実行する
32
```

イベント「初期表示」を 完成させよう

loadHandler 関数を作ろう

「初期表示」関数の名前を loadHandler に書き換えて、このイベントハンドラの中で実行する4つの関数を呼び出す行を追加しましょう。関数の名前は P249 の表を確認してください。

関数の名前は P249 の表を確認してください。

\Column/

命令文の後ろのセミコロンは必要？

関数の呼び出しは、変数に値を代入するときと同じく「命令文」です。JavaScript では命令文の最後には半角セミコロン「;」をつけることとされていますが、書籍によってはセミコロンをつけない解説が載っていることがあります。

実際は、命令文の後ろで改行さえすれば、ブラウザは「ここまでがひとつの命令文」と解釈してくれるので問題なく動くのですが、改行をし忘れた場合や、ウェブ制作の実務でファイルの容量を小さくするためにわざと改行をなくしてから納品するような場合に、セミコロンがないと文法エラーで動かなくなります。そのため、命令文の終わりを改行にゆだねるのではなく、きちんと半角でセミコロン記号「;」を書くことを心がけましょう。

loadHandler関数（完成版）

```
33   /**********************************************
34      イベントハンドラ
35   **********************************************/
36
37   // ページの読み込みが完了したとき実行する関数
38   function loadHandler() {
39      // シャッフル
40      shuffle();                    ← シャッフル関数を呼び出す
41      // 自分がカードを引く
42      pickMyCard();                 ← 自分がカードを引く関数を呼び出す
43      // 相手がカードを引く
44      pickComCard();                ← 相手がカードを引く関数を呼び出す
45      // 画面を更新する
46      updateView();                 ← 画面を更新する関数を呼び出す
47   }
```

セミコロン
の書き忘れに
注意しよう！

　これで初期表示のイベントハンドラは完成です。次はイベントハンドラの中で呼び出す4つの関数を作っていきます。

shuffle関数を作ろう

カードの山をシャッフルする関数を作りましょう。

❶カードに初期値を入れよう

カードの山をあらわす配列cardsは宣言時に初期化しただけなので、配列要素がひとつも入っていません。そのため、シャッフルする前に52個の配列要素をcardsに詰め込んでおく必要があります。

P247のように初期値を詰め込むには、右のページのように52回繰り返すfor文を使って、ループカウンタの値を配列に追加します。push()の使い方はP156を振り返りましょう。これでcardsには1,2,3,,,52が順番に入ります。

❷2枚のカードを選ぼう

cardsの何番目と何番目を入れ替えるかを指定する番号は、数学オブジェクトのrandom()メソッド（P168）を使うと0から51までのランダムな値を取得することができます。取得した値はjとkに入れておきます。

❸選んだカードを入れ替えよう

jとkを要素番号として、j番目のカードとk番目のカードを交換します。2つの値を交換するには、退避用の変数を用意します。変数名のtempは英語のtemporary（一時的）からとりました。まずtempに[j]をコピーし、次に[k]を[j]に上書きし、最後にtemp（中身は[j]のコピー）を[k]に上書きします。そうすると、[j]の中身と[k]の中身を交換したことになります。

shuffle関数（完成版）

```
83    /************************************************
84       ゲーム関数
85    ************************************************/
86
87    // カードの山をシャッフルする関数
88    function shuffle() {
89      // カードの初期化
90      for (let i = 1; i <= 52; i++) {
91    ① cards.push(i);              ← カードに初期値を入れる
92      }
93      // 100回繰り返す
94      for (let i = 0; i < 100; i++) {
95        // カードの山からランダムに選んだ2枚を入れ替える
96    ②   let j = Math.floor(Math.random() * 52);    ← 0 ～ 51
97        let k = Math.floor(Math.random() * 52);    ←  のどれか
98        let temp = cards[j];
99    ③   cards[j] = cards[k];       ← cards[j]とcards[k]を交換
100       cards[k] = temp;
101     }
102   }
```

配列要素の交換手順

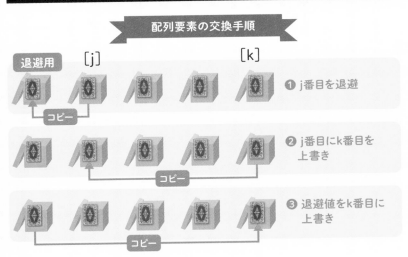

退避用　[j]　[k]

❶ j番目を退避
コピー

❷ j番目にk番目を上書き
コピー

❸ 退避値をk番目に上書き
コピー

pickMyCard関数とpickComCard関数を作ろう

　自分がカードを引いて手札に加える関数と、相手がカードを引いて手札に加える関数を作りましょう。

●❶カードの枚数は配列の長さであらわせる

　引いたカードはグローバル変数のmyCardsとcomCardsにそれぞれ追加されていきます。これらは配列なので、カードの枚数は配列要素の個数（lengthプロパティ）であらわせます。自分も相手も、手札が4枚以下のときだけカードを引く処理を実行するようにif文の条件式を書きましょう。

●❷配列から配列へ要素を移動させる

　自分がカードを引いて手札に加えるという行為は、pop()でcardsの一番後ろの要素を取り出してpush()でmyCardsの一番後ろに追加するといいかえることができます。pop()の使い方はP156を振り返りましょう。

●❸相手が引くかどうかは関数の戻り値で判断する

　相手がカードを引くか引かないかを考えるpickAI関数は、相手がカードを引くと決めたときtrueを返し、引かないと決めたときfalseを返すことにします。戻り値を返す関数は、関数の呼び出しを書いた場所に戻り値が入るので（P131）、if文の条件にpickAI関数を呼び出す命令文を書きます。

getTotal関数（完成版）

```
161    // カードの合計を計算する関数
162    function getTotal(handCards) {
163      let total = 0;      // 計算した合計を入れる変数
164      let number = 0;     // カードの数字を入れる変数
165      for (let i = 0; i < handCards.length; i++) {      配列要素を繰り返す
166        // 13で割った余りを求める
167  ①    number = handCards[i] % 13;                       余りの計算(P60)
168        // J,Q,K（余りが11,12,0）のカードは10と数える
169        if (number == 11 || number == 12 || number ==0) {
170  ②      total += 10;
171        } else {                        カードの数字は余りで判断できる
172  ③      total += number;
173        }
174      }
175      // 「A」のカードを含んでいる場合              配列に1,14,27,40のどれかが入っている?
176  ④   if (handCards.includes(1) || handCards.includes(14) || handCards.includ
       es(27) || handCards.includes(40)) {
177        // 「A」を11と数えても合計が21を超えなければ11と数える
178        if (total + 10 <= 21) {             もし仮に合計に10を足しても21を
179  ⑤      total += 10;                        超えないなら合計にさらに10を足す
180        }
181      }
182      // 合計を返す
183      return total;          計算済みの合計を返す
184    }
```

落ち着いて
考えよう

カードと数字の対応関係

カード	A	2	3	4	5	6	7	8	9	10	J	Q	K
♠	1	2	3	4	5	6	7	8	9	10	11	12	13
♣	14	15	16	17	18	19	20	21	22	23	24	25	26
♦	27	28	29	30	31	32	33	34	35	36	37	38	39
♥	40	41	42	43	44	45	46	47	48	49	50	51	52
数値	1	2	3	4	5	6	7	8	9	10	10	10	10
余り	1	2	3	4	5	6	7	8	9	10	11	12	0

updateView関数を作ろう

　画面の表示を更新する関数を作りましょう。<img>タグのsrc属性を変更するとブラウザはすぐに変更後の画像を画面に表示します。この性質を利用します。

● カードを表示する

　sample.htmlを開いてみましょう。手札を表示する場所には<img>タグが5つ書いてあります。class名はmyCardです。❶querySelectorAll（P185）を使うと配列に似たNodeListオブジェクトが返ってくるので、for文で繰り返しながら、手札（マークと数字が書かれた画像）か裏面（blue.png）のどちらかを表示します。

　どちらを表示するかは次のように考えます。ループカウンタのiは0,1,2,3,4と増えていきますが、❷グローバル変数myCardsに入っているカードの枚数（配列要素の個数）よりもiのほうが小さいうちは、手元にi番目のカードがあるということですから、myCards[i]に入っている数字に対応した表面の画像を表示します。❸iがそれを超えたら手元にもうカードはないということですから、裏面の画像を表示します。

● カードの画像のパスはどう書くの？

　サンプルのフォルダには01.png、02.png、、、52.pngのファイル名で合計52枚のカードの画像が入っています。src属性には配列myCardsの中身を書くのではなく、対応する画像ファイルのパスを書かなければなりません。❹この変換作業はgetCardPath()という関数に任せることにして、すぐあとで作成します。

```
24  // 「カードを引く」ボタンを押したとき実行する関数を登録
25  document.querySelector("#pick").addEventListener(
    "click", clickPickHandler);
26
27  // 「勝負する！」ボタンを押したとき実行する関数を登録
28  document.querySelector("#judge").addEventListener(
    "click", clickJudgeHandler);
29
30  // 「もう1回遊ぶ」ボタンを押したとき実行する関数を登録
31  document.querySelector("#reset").addEventListener(
    "click", clickResetHandler);
32
33  /************************************************
34     イベントハンドラ
35  ************************************************/
36
37  // ページの読み込みが完了したとき実行する関数
38  function loadHandler() {
39    // シャッフル
40    shuffle();
41    // 自分がカードを引く
42    pickMyCard();
43    // 相手がカードを引く
44    pickComCard();
45    // 画面を更新する
46    updateView();
47  }
48
49  // 「カードを引く」ボタンを押したとき実行する関数
50  function clickPickHandler() {
51    // 勝敗が未決定の場合
52    if (isGameOver == false) {
53      // 自分がカードを引く
54      pickMyCard();
55      // 相手がカードを引く
56      pickComCard();
57      // 画面を更新する
58      updateView();
59    }
60  }
61
62  // 「勝負する！」ボタンを押したとき実行する関数
63  function clickJudgeHandler() {
```

```
64      let result = "";
65      // 勝敗が未決定の場合
66      if (isGameOver == false) {
67        // 勝敗を判定する
68        result = judge();
69        // 勝敗を画面に表示する
70        showResult(result);
71        // 勝敗決定フラグを「決定」に変更
72        isGameOver = true;
73      }
74    }
75
76    // 「もう1回遊ぶ」ボタンを押したとき実行する関数
77    function clickResetHandler() {
78      // 画面を初期表示に戻す
79      // reloadメソッドでページを再読み込みする
80      location.reload();
81    }
82
83    /*************************************************
84      ゲーム関数
85    *************************************************/
86
87    // カードの山をシャッフルする関数
88    function shuffle() {
89      // カードの初期化
90      for (let i = 1; i <= 52; i++) {
91        cards.push(i);
92      }
93      // 100回繰り返す
94      for (let i = 0; i < 100; i++) {
95        // カードの山からランダムに選んだ2枚を入れ替える
96        let j = Math.floor(Math.random() * 52);
97        let k = Math.floor(Math.random() * 52);
98        let temp = cards[j];
99        cards[j] = cards[k];
100       cards[k] = temp;
101     }
102   }
103
104   // 自分がカードを引く関数
105   function pickMyCard() {
106     // 自分のカードの枚数が4枚以下の場合
```

```
107    if ( myCards.length <= 4 ) {
108      // カードの山（配列）から1枚取り出す
109      let card = cards.pop();
110      // 取り出した1枚を自分のカード（配列）に追加する
111      myCards.push(card);
112    }
113  }
114
115  // 相手がカードを引く関数
116  function pickComCard() {
117    // 相手のカードの枚数が4枚以下の場合
118    if ( comCards.length <= 4 ) {
119      // カードを引くかどうか考える
120      if ( pickAI(comCards) ) {
121        // カードの山（配列）から1枚取り出す
122        let card = cards.pop();
123        // 取り出した1枚を相手のカード（配列）に追加する
124        comCards.push(card);
125      }
126    }
127  }
128
129  // カードを引くかどうか考える関数
130  function pickAI(handCards) {
131
132    // 現在のカードの合計を求める
133    let total = getTotal(handCards);
134    // カードを引くかどうか
135    let isPick = false;
136
137    // 合計が11以下なら「引く」
138    if (total <= 11) {
139      isPick = true;
140    }
141    // 合計が12～14なら80%の確率で「引く」
142    else if (total >=12 && total <= 14) {
143      if (Math.random() < 0.8) {
144        isPick = true;
145      }
146    }
147    // 合計が15～17なら35%の確率で「引く」
148    else if (total >=15 && total <= 17) {
149      if (Math.random() < 0.35) {
```

```javascript
150        isPick = true;
151      }
152    }
153    // 合計が18以上なら「引かない」
154    else if (total >=18) {
155      isPick = false;
156    }
157    // 引くか引かないかを戻り値で返す
158    return isPick;
159  }
160
161  // カードの合計を計算する関数
162  function getTotal(handCards) {
163    let total = 0;      // 計算した合計を入れる変数
164    let number = 0;     // カードの数字を入れる変数
165    for (let i = 0; i < handCards.length; i++) {
166      // 13で割った余りを求める
167      number = handCards[i] % 13;
168      // J,Q,K（余りが11,12,0）のカードは10と数える
169      if (number == 11 || number == 12 || number ==0
) {
170        total += 10;
171      } else {
172        total += number;
173      }
174    }
175    // 「A」のカードを含んでいる場合
176    if (handCards.includes(1) || handCards.includes(
14) || handCards.includes(27) || handCards.include
s(40)) {
177      // 「A」を11と数えても合計が21を超えなければ11と数
える
178      if (total + 10 <= 21) {
179        total += 10;
180      }
181    }
182    // 合計を返す
183    return total;
184  }
185
```

```
186  // 画面の表示を更新する関数
187  function updateView() {
188    // 自分のカードを表示する
189    let myfields = document.querySelectorAll(".myCar
     d");
190    for (let i = 0; i < myfields.length; i++) {
191      // 自分のカードの枚数がiより大きい場合
192      if (i < myCards.length) {
193        // 表面の画像を表示する
194        myfields[i].setAttribute('src', getCardPath(
     myCards[i]));
195      } else {
196        // 裏面の画像を表示する
197        myfields[i].setAttribute('src', "blue.png");
198      }
199    }
200    // 相手のカードを表示する
201    let comfields = document.querySelectorAll(".comC
     ard");
202    for (let i = 0; i < comfields.length; i++) {
203      // 相手のカードの枚数がiより大きい場合
204      if (i < comCards.length) {
205        // 表面の画像を表示する
206        comfields[i].setAttribute('src', getCardPath
     (comCards[i]));
207      } else {
208        // 裏面の画像を表示する
209        comfields[i].setAttribute('src', "red.png");
210      }
211    }
212    // カードの合計を再計算する
213    document.querySelector("#myTotal").innerText = g
     etTotal(myCards);
214    document.querySelector("#comTotal").innerText =
     getTotal(comCards);
215  }
216
217  // カードの画像パスを求める関数
218  function getCardPath(card) {
219    // カードのパスを入れる変数
220    let path = "";
```

```
221    // カードの数字が1桁なら先頭にゼロをつける
222    if (card <= 9) {
223      path = "0" + card + ".png";
224    } else {
225      path = card + ".png";
226    }
227    // カードのパスを返す
228    return path;
229  }
230
231  // 勝敗を判定する関数
232  function judge() {
233    // 勝敗をあらわす変数
234    let result = "";
235    // 自分のカードの合計を求める
236    let myTotal = getTotal(myCards);
237    // 相手のカードの合計を求める
238    let comTotal = getTotal(comCards);
239    // 勝敗のパターン表に当てはめて勝敗を決める
240    if (myTotal > 21 && comTotal <= 21) {
241      // 自分の合計が21を超えていれば負け
242      result = "loose";
243    }
244    else if (myTotal <= 21 && comTotal > 21) {
245      // 相手の合計が21を超えていれば勝ち
246      result = "win";
247    }
248    else if (myTotal > 21 && comTotal > 21) {
249      // 自分も相手も21を超えていれば引き分け
250      result = "draw";
251    }
252    else {
253      // 自分も相手も21を超えていない場合
254      if (myTotal > comTotal) {
255        // 自分の合計が相手の合計より大きければ勝ち
256        result = "win";
257      } else if (myTotal < comTotal) {
258        // 自分の合計が相手の合計より小さければ負け
259        result = "loose";
260      } else {
261        // 自分の合計が相手の合計と同じなら引き分け
262        result = "draw";
263      }
264    }
```

```
265      // 勝敗を呼び出し元に返す
266    return result;
267  }
268
269  // 勝敗を画面に表示する関数
270  function showResult(result) {
271    // メッセージを入れる変数
272    let message = "";
273    // 勝敗に応じてメッセージを決める
274    switch (result) {
275      case "win":
276        message = "あなたの勝ちです！";
277        break;
278      case "loose":
279        message = "あなたの負けです！";
280        break;
281      case "draw":
282        message = "引き分けです！";
283        break;
284    }
285    // メッセージを表示する
286    alert(message);
287  }
288
289  /*********************************************
290    デバッグ関数
291  *********************************************/
292
293  // グローバル変数をコンソールに出力する関数
294  function debug() {
295    console.log("カードの山", cards);
296    console.log("自分のカード", myCards, "合計" + getT
    otal(myCards));
297    console.log("相手のカード", comCards, "合計" + get
    Total(comCards));
298    console.log("勝敗決定フラグ", isGameOver);
299  }
```

　ここまで書けたらブラウザでsample.htmlを開いてゲームをプレ
イしてみましょう。引いたカードはちゃんと表示されましたか？
ボタンは正しく動きましたか？　「あれ、おかしいな」と思ったら、

ブラウザのコンソールを開いた状態でゲームを動かして、変数の中身が正しいかどうかを目で見てチェックしましょう。

　余力があればChapter10に進んで、より本格的なブラックジャックへの改良にチャレンジしてみましょう。

Chapter

10

↓

ブラックジャックを
改良しよう

もっと本格的なゲームに
しよう

 ## もっと戦略性の高いルールにしよう

　完成したゲームをプレイして「何かものたりない」と感じませんでしたか？　Chapter08で決めた特別ルール（P202）の影響で、駆け引きの要素が薄れているのかもしれません。もっと戦略性の高いルールに変えて、ゲームを改良してみましょう。

　実際のブラックジャックでは、複数の参加者（プレイヤー）が同じテーブルに着席して、一人のディーラー（カードを配る人）とそれぞれが勝負します。ここでは話を単純にするため、プレイヤーはあなた一人だけとします。ディーラーが対戦相手（COM）になります。

● 両者ともに21を超えるか同点ならあなたの負け

　実際のブラックジャックでは、ディーラーとプレイヤーのカードの合計が同じだった場合も、両者ともに21を超えた場合も、引き分けではなくプレイヤーの負けになります。このルールを取り入れましょう。

● ディーラーだけのルール

　ディーラーは自分のカードの合計が16以下だったら必ずもう1枚引かなければならず、17以上だったらそれ以上カードを引いてはいけません。このルールを取り入れましょう。

🔴 勝負するまで相手のカードが見えない

　実際のブラックジャックでは、勝負をするまでディーラーの2枚目以降のカードは見せません。このルールを取り入れましょう。

🔴 21を超えた時点で負け

　プレイヤーがカードを引いたとき手札の合計が21を超えたらその時点で負けが確定するので、勝敗を表示するようにしましょう。

本格的なブラックジャック

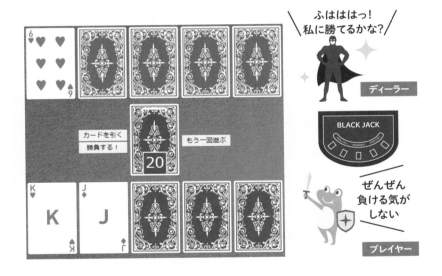

本格的な
ゲームになりそう！

両者ともに21を超えるか同点ならあなたの負け

 どの関数を変更するか？

　このルールを取り入れるには、sample.jsのどこを変更すればよいでしょうか？　「コードの何行目だったかな？」と考えるのではなく、「勝ち負けの判断をするのは誰の役目だったかな？」と考えるのがコツです。プログラムは独立した役目をもつ関数を組み合わせて作ってきたので、P249の表を見ればすぐ見つかるでしょう。

　そうですね、勝敗を判定しているのはjudge関数です。この関数に書いた、勝敗を振り分ける条件分岐の中から、「両者ともに21を超えた」場合と「同点」の場合をあらわす分岐を探しましょう。

●❶両者ともに21を超えた場合

　「両者ともに21を超えた」場合をあらわす分岐は、関数の中ほどにあります。勝敗を"draw"から"loose"に書き換えましょう。

●❷同点の場合

　「同点」の場合をあらわす分岐は、一番最後のelse文です。勝敗を"draw"から"loose"に書き換えましょう。

judge関数（改良版）

```
223   // 勝敗を判定する関数
224   function judge() {
225     // 勝敗をあらわす変数
226     let result = "";
227     // 自分のカードの合計を求める
228     let myTotal = getTotal(myCards);
229     // 相手のカードの合計を求める
230     let comTotal = getTotal(comCards);
231     // 勝敗のパターン表に当てはめて勝敗を決める
232     if (myTotal > 21 && comTotal <= 21) {
233       // 自分の合計が21を超えていれば負け
234       result = "loose";
235     }
236     else if (myTotal <= 21 && comTotal > 21) {
237       // 相手の合計が21を超えていれば勝ち
238       result = "win";
239     }
240     else if (myTotal > 21 && comTotal > 21) {
241       // 自分も相手も21を超えていれば負け
242       result = "loose";
243     }
244     else {
245       // 自分も相手も21を超えていない場合
246       if (myTotal > comTotal) {
247         // 自分の合計が相手の合計より大きければ勝ち
248         result = "win";
249       } else if (myTotal < comTotal) {
250         // 自分の合計が相手の合計より小さければ負け
251         result = "loose";
252       } else {
253         // 自分の合計が相手の合計と同じなら負け
254         result = "loose";
255       }
256     }
257     // 勝敗を呼び出し元に返す
258     return result;
259   }
```

① 判定を変更

② 判定を変更

ディーラーだけのルール

 どの関数を変更するか？

　このルールを取り入れるには、sample.jsのどこを変更すればよいでしょうか？　前のページと同じように、「ディーラー（相手）がカードを引くか引かないかを決めるは誰の役目だったかな？」という視点を持ってP249の表から探しましょう。

　そうですね。ディーラーがカードを引くか引かないかを決めているのはpickAI関数です。この関数に書いた、「引く」か「引かない」かを振り分けている条件を変更すればよいでしょう。

● 合計が16以下か17以上かで分岐する

　Chapter09では、手札の合計が大きいほど次のカードを引く確率を低くしましたが、今度はもっと単純です。合計が16以下の場合と17以上の場合とでプログラムの流れを分岐すればよいので、右のようにif 〜 else文を書きましょう。

　変数のisPickは宣言時の初期値をfalseにしているので、elseの分岐は省略しても構いませんが、省略すると「17以上なら必ず引く」というルールがコードから読み取りにくくなるので、きちんと書いたほうがよいでしょう。

pickAI関数（改良版）

```
131    // カードを引くかどうか考える関数
132    function pickAI(handCards) {
133
134      // 現在のカードの合計を求める
135      let total = getTotal(handCards);
136      // カードを引くかどうか
137      let isPick = false;
138
139      // 合計が16以下なら「引く」
140      if (total <= 16) {
141        isPick = true;
142      }
143      // 合計が17以上なら「引かない」
144      else {
145        isPick = false;
146      }
147      // 引くか引かないかを戻り値で返す
148      return isPick;
149    }
```

条件分岐
を変更

ここは
省略できる

とてもシンプルな
分岐になったね

さて、これで本当にディーラーは16以下のときカードを引くことになるでしょうか？　手元に紙とペンがあれば用意してください。カードを交互に引いていくとどうなるか、「たとえばこんな場合どうなるかな？」という予想を書いて、思考実験をしてみましょう。

● 正しく動くパターン

右の表のように、プレイヤーが3枚目を引くボタンを押したとき、ディーラーの合計が16以下なら必ずディーラーは3枚目を引き、17以上なら必ずディーラーは3枚目を引きません。ルールの通りになるので、これは正しいパターンです。

● 正しく動かないパターン

プレイヤーが2枚目を引いた時点で「もうこれで勝てるだろう」と思って3枚目を引くボタンを押さなかったらどうなるでしょうか？プレイヤーがボタンを押さないとディーラーの番が回ってこないので、もしディーラーの合計が16以下だったとしてもディーラーはこれ以上カードを引けないことになってしまいます。これでは不公平ですね。プレイヤーがボタンを押さなくてもディーラーに自分の判断でカードを引かせてあげなければなりません。

<u>かわいそうなディーラー</u>

正しく動くパターン

●ディーラーが3枚目を引くパターン

正しい

	1枚目	→ボタンを押す→	2枚目	合計	→ボタンを押す→	3枚目	合計
ディーラー	10	カードを引く	6	16	カードを引く	4	20
プレイヤー	10		2	12		9	21

●ディーラーが3枚目を引かないパターン

正しい

	1枚目	→ボタンを押す→	2枚目	合計	→ボタンを押す→	3枚目	合計
ディーラー	10	カードを引く	7	17	カードを引く	引かない	17
プレイヤー	10		2	12		9	21

正しく動かないパターン

●ディーラーが3枚目を引かないパターン

間違い

	1枚目	→ボタンを押す→	2枚目	合計
ディーラー	3	カードを引く	2	5
プレイヤー	10		10	20

私の番が回ってこないから負けてしまったではないか!

こうなったら正しい

●ディーラーが3枚目を引くパターン

	1枚目	→ボタンを押す→	2枚目	合計	→何もしなくても→	3枚目	合計
ディーラー	4	カードを引く	6	10	引く	A	21
プレイヤー	10		7	17	引かない		21

ボクのせいじゃないよ

フローチャートを書けば解決が見える

　少し考えても解決方法がわからないときは、いったん立ち止まってフローチャートを書くのがコツです。予想が立っていないままプログラムのあちこちに目を移すと迷子になってしまいます。

● 1回で引けるだけ引かせる

　プレイヤーは最初に自動で配られた1枚目のカードがどんな数字だったとしても必ず2枚目のカードを引くでしょう。なぜなら、ディーラーは自分の合計が16以下なら必ずもう1枚引くルールなので、プレイヤーは自分の合計が17以上でないと絶対にディーラーに負けてしまうからです。

　すると、ディーラーにも必ず1回はカードを引くタイミングがやってくるわけですから、そのときに引けるだけ引かせてしまえばよいのです。これをフローチャートであらわすと右のようになります。いいかえると、pickAI関数が「引かない」を返すまで何回でも赤い矢印を繰り返すということになります。

Point !

フローチャートはプログラムの論理的な流れをみやすく整理してくれるので、複雑なコードをじっと眺めるよりもはるかに役に立ちます。『急がば回れ』ということわざがあるように、プログラムに慣れていないうちは、フローチャートを書く癖をつけることを最初の目標にするとよいでしょう。

カードを引くイベントのフローチャート

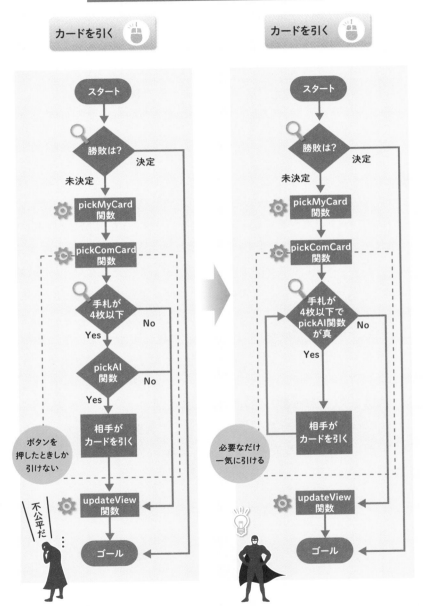

繰り返しを利用する

　もうおわかりですね。フローチャートを見ると、pickComCard関数の中で呼び出しているpickAI関数が「引く」を返した場合はもう一度pickAI関数の呼び出しに戻るようにすればよいのです。この繰り返しを、pickAI関数が「引かない」を返すまで続けます。

　では、このような繰り返しをするにはどの制御構文が使えそうでしょうか？

while文を使う

　繰り返す回数が決まっておらず、条件が成立する限り何回でも繰り返すわけですから、while文（P108）がぴったりです。while文の条件式には「繰り返しを続けるのはどんな場合か？」を書きます。pickAI関数の戻り値はtrueが「引く」、falseが「引かない」の意味をあらわすと決めたので、「pickAI関数の戻り値がtrueの場合」を式で書けばよいですね。

　ただし、繰り返しのたびにカードの枚数を確認しないと、相手のカードが5枚以上になってしまう可能性があります。そのため、「相手のカードの枚数が4枚以下」というif文の条件式をwhile文の条件式に移動して、論理積（P63）で結びましょう。

　pickComCard関数を右のページのように変更したら、カエルくんのダジャレは聞き流して次のページへ進みましょう。

pickComCard関数（改良版）

```
115  // 相手がカードを引く関数
116  function pickComCard() {
117    // 相手のカードの枚数が4枚以下の場合
118    if ( comCards.length <= 4 ) {
119      // カードを引くかどうか考える
120      if ( pickAI(comCards) ) {
121        // カードの山（配列）から1枚取り出す
122        let card = cards.pop();
123        // 取り出した1枚を相手のカード（配列）に追加する
124        comCards.push(card);
125      }
126    }
127  }
```

繰り返しに変更

```
117  // 相手がカードを引く関数
118  function pickComCard() {
119    // 相手のカードの枚数が4枚以下の場合
120    // カードを引くかどうか考える
121    while ( pickAI(comCards) && comCards.length <= 4) {
122      // カードの山（配列）から1枚取り出す
123      let card = cards.pop();
124      // 取り出した1枚を相手のカード（配列）に追加する
125      comCards.push(card);
126    }
127  }
```
合計が17以上になるまで何度でも繰り返す

この世に
悪がいる限り
私も何度だって
たたかうぞ！

if文をwhile文に
カエルだけだよ

勝負するまで相手の
カードが見えない

 どの関数を変更するか？

　このルールを取り入れるには、どこを変更すればよいでしょう
か？ 「相手のカードを画面に見せる（表示する）のは誰の役目だった
かな？」という視点を持ってP249の表から探しましょう。

　そうですね。updateView関数です。また、「勝負する」ボタンを
押したときもこの関数を実行しなければならないので、clickJudge
Handler関数も変更しないといけません。

● 勝負するときだけカードを見せるには？

　updateView関数は初期表示のときや「カードを引く」ボタンを押
したときにも呼び出されます。そのため、「勝負する」ボタンを押し
たときだけ関数の動きを変えるには、updateView関数を呼び出すと
き、相手のカードを見せるか見せないかを引数で指示してあげると
よいでしょう。右の図はこの様子をあらわしたフローチャートです。

画面更新のフローチャート（改良版）

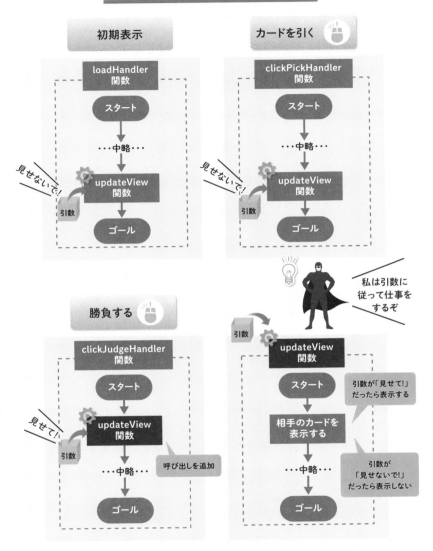

初期表示

loadHandler 関数

スタート

・・・中略・・・

見せないで！

updateView 関数

引数

ゴール

カードを引く

clickPickHandler 関数

スタート

・・・中略・・・

見せないで！

updateView 関数

引数

ゴール

私は引数に従って仕事をするぞ

引数

updateView 関数

スタート

相手のカードを表示する

・・・中略・・・

ゴール

引数が「見せて！」だったら表示する

引数が「見せないで！」だったら表示しない

勝負する

clickJudgeHandler 関数

スタート

見せて！

updateView 関数

引数

・・・中略・・・

呼び出しを追加

ゴール

updateView関数に引数を追加する

updateView関数に、相手のカードを見せるか見せないかをあらわす仮引数showComCardsを追加して、showComCardsがtrueだったら「見せる」、falseだったら「見せない」の意味にしましょう。このように「はい、いいえ」や「ON、OFF」の二択であらわすことのできるデータは論理型（P56）の変数を使うのが自然な発想です。

● 引数のデフォルト値

右ページのように、関数定義の仮引数に「変数名＝初期値」を書いておくと、引数を省略して関数を呼び出したとき（引数を書かずに呼び出したとき）、初期値に書いた値を渡したことになります。これを引数の**デフォルト値**と呼びます。

なぜこうするかというと、updateView関数の動きを変えたいのは「勝負する」ボタンを押したときだけだからです。他のタイミングで呼び出されたときは、わざわざ引数を書いて呼び出さなくても自動的にfalseを渡したことになってくれたほうが、コードを変更しなくて済むので都合がよいからです。

● 相手のカードを見せる条件は？

元の条件（i < comCards.length）に加えて、引数showComCardsがtrueのときカードを見せます。さらに、画面の一番左のカード（1枚目のカード）は引数に関係なく最初からずっと見えていないといけないので、条件「i==0」と論理和（P63）で結びましょう。

相手のカードの合計も、引数showComCardsがtrueの場合だけ表示するようにif文を追加しましょう。

updateView関数（改良版）

```
174    // 画面の表示を更新する関数
175    function updateView(showComCards = false) {
176      // 自分のカードを表示する
177      let myfields = document.querySelectorAll(".myCard");
178      for (let i = 0; i < myfields.length; i++) {
179        // 自分のカードの枚数がiより大きい場合
180        if (i < myCards.length) {
181          // 表面の画像を表示する
182          myfields[i].setAttribute('src', getCardPath(myCards[i]));
183        } else {
184          // 裏面の画像を表示する
185          myfields[i].setAttribute('src', "blue.png");
186        }
187      }
188      // 相手のカードを表示する
189      let comfields = document.querySelectorAll(".comCard");
190      for (let i = 0; i < comfields.length; i++) {
191        // 相手のカードの枚数がiより大きい場合（1枚目は常に表を表示）
192        if (i == 0 || (i < comCards.length && showComCards == true)) {
193          // 表面の画像を表示する
194          comfields[i].setAttribute('src', getCardPath(comCards[i]));
195        } else {
196          // 裏面の画像を表示する
197          comfields[i].setAttribute('src', "red.png");
198        }
199      }
200      // カードの合計を再計算する
201      document.querySelector("#myTotal").innerText = getTotal(myCards);
202      if (showComCards == true) {
203        document.querySelector("#comTotal").innerText = getTotal(comCards);
204      }
205    }
```

引数を受け取る

trueなら見せる、falseなら見せない

「相手のカードを見せる」と判断する条件を書き換える

引数がtrueの場合だけ相手の合計を表示する

clickJudgeHandler関数に呼び出しを追加する

「勝負する」ボタンのイベントハンドラであるclickJudgeHandler関数に、updateView関数を呼び出すコードを追加しましょう。引数にtrue（相手のカードを見せる）を渡します。

P303のフローチャートでは全ての呼び出し箇所で引数を渡すように考えましたが、デフォルト値を利用したおかげで初期表示とカードを引くボタンのイベントハンドラはまったく変更せずに済みました。

clickJudgeHandler関数の変更点

```
37    // ページの読み込みが完了したとき実行する関数
38    function loadHandler() {
39      // シャッフル
40      shuffle();
41      // 自分がカードを引く
42      pickMyCard();
43      // 相手がカードを引く
44      pickComCard();
45      // 画面を更新する
46      updateView();
47    }
48
49    // 「カードを引く」ボタンを押したとき実行する関数
50    function clickPickHandler() {
51      // 勝敗が未決定の場合
52      if (isGameOver == false) {
53        // 自分がカードを引く
54        pickMyCard();
55        // 相手がカードを引く
56        pickComCard();
57        // 画面を更新する
58        updateView();
59      }
60    }
61
62    // 「勝負する！」ボタンを押したとき実行する関数
63    function clickJudgeHandler() {
64      let result = "";
65      // 勝敗が未決定の場合
66      if (isGameOver == false) {
        // 画面を更新する（相手のカードを表示する）
        updateView(true);
69        // 勝敗を判定する
70        result = judge();
71        // 勝敗を画面に表示する
72        showResult(result);
73        // 勝敗決定フラグを「決定」に変更
74        isGameOver = true;
75      }
76    }
```

相手のカードは見せないで！

引数の省略

相手のカードは見せないで！

引数を渡す

追加

相手のカードを見せて！

私の必殺技が見たいのかい？

画面の更新が遅れてしまう？

　フローチャートを書いたり思考実験をして丁寧に組み上げてきましたが、実は動きがおかしいところが1つあります。前のページの状態までsample.jsを改良したらゲームをプレイしてみてください。「勝負する」ボタンを押してもすぐに画面が更新されず、OKボタンでダイアログを閉じると画面が遅れて更新されることに気がつくでしょう。

　おかしいですね。もう一度コードとフローチャートを確認してみましょう。確かに右のとおり、勝敗を表示するよりも前に画面の更新を呼び出しています。それなのにブラウザでは先に勝敗が表示されてしまいます。どうしてでしょうか？

● 画面の更新が遅れる理由

　画面の更新が遅れてしまう理由は、❶updateView関数を実行してDOMの中身が変更されたことを検知したブラウザは、変更後の内容（カードの画像と合計の数字）を画面に表示し終わるのを待たずにプログラムの実行を進めて❷勝敗の判定と❸勝敗の表示を行おうとするからです。

　もう少し正確な言い方をすると、JavaScriptでDOMを更新したとき、「更新した内容を画面の表示に反映すること」と「メインのプログラムの実行を次へ進めていくこと」とは同時並行で行われます。なぜそうなっているかというと、メインのプログラムを止めてしまわず、ユーザーを待たせないための配慮です。このように、複数の処理が同時並行で行われることを**非同期処理**と呼びます。画面の更新が遅れてしまうのは、ブラウザによる非同期処理が原因だったのです。

コードと画面の動きが違う

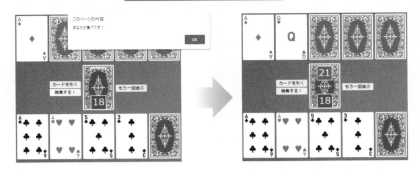

OKを押さないと
画面が変わら
ないよ？

```
62  // 「勝負する！」ボタンを押したとき実行する関数
63  function clickJudgeHandler() {
64    let result = "";
65    // 勝敗が未決定の場合
66    if (isGameOver == false) {
67      // 画面を更新する（相手のカードを表示する）
68  ①   updateView(true);
69      // 勝敗を判定する
70  ②   result = judge();
71      // 勝敗を画面に表示する
72  ③   showResult(result);
73      // 勝敗決定フラグを「決定」に変更
74      isGameOver = true;
75    }
76  }
```

タイマーで勝敗の表示を遅らせよう

　ブラウザが画面の更新を非同期で行うといっても、何秒もかかる
わけではありません。一瞬です。もしも勝敗の表示を1秒でも遅ら
せることができれば、1秒待っている間に確実に画面が更新されるで
しょう。いいかえると、「showResult関数を1秒後に実行させる」と
いうことなのですが、ピンときましたか？

● setTimeoutで処理を遅らせる

　そうです。Chapter06で学んだタイマー処理を使えばよいのです。
Windowオブジェクトのβ setTimeoutメソッドを使うと、関数の実行
を遅らせることができます。P178の解説では触れませんでしたが、
setTimeoutメソッドは待ち時間の後ろに引数をいくつでも指定する
ことができます。

書式

> window.setTimeout(実行する関数, 待ち時間, 引数1, 引数2,,,,)

　これらの引数は省略可能で、待ち時間が経過したとき「実行する関
数」に引数として渡されます。引数を必要としない関数を実行すると
きは省略します。

　showResult関数に勝敗の結果が入った変数resultを渡すため、
setTimeoutの第3引数にresultを指定します。

　右ページのように、showResult関数を1秒後に実行するように
clickJudgeHandler関数の中身を書き換えたらゲームをプレイしてみ
ましょう！

clickJudgeHandler関数（改良版）

```
62  // 「勝負する！」ボタンを押したとき実行する関数
63  function clickJudgeHandler() {
64    let result = "";
65    // 勝敗が未決定の場合
66    if (isGameOver == false) {
67      // 画面を更新する（相手のカードを表示する）
68      updateView(true);
69      // 勝敗を判定する
70      result = judge();
71      // 1秒後に勝敗を画面に表示する
72      setTimeout(showResult, 1000, result);
73      // 勝敗決定フラグを「決定」に変更
74      isGameOver = true;
75    }
76  }
```

1秒待ってから実行するぞ

タイマーを使う

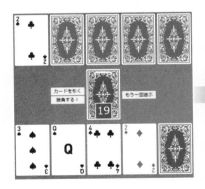
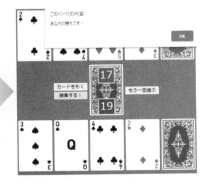

画面を更新して
からメッセージが
出るよ

21を超えた時点で負け

↓

 ## どの関数を変更するか？

「手札の合計が増えるのは何をしたタイミングだったかな？」とい
う視点をもってP249の表から探しましょう。

手札の合計が増えるのはプレイヤーがカードを山から引いた
ときですから、「カードを引く」ボタンを押したとき実行する
clickPickHandler関数を変更すればよいでしょう。

 ## clickPickHandler関数を変更しよう

右ページのように、❶プレイヤーとディーラーがそれぞれカード
を山から引いたあとでgetTotal関数（P261）を使ってプレイヤーの手
札の合計が21を超えていないかどうかをif文で調べます。❷もしも
if文の判定結果が真（true）だったら、「勝負する」ボタンのイベント
ハンドラであるclickJudgeHandler関数を呼び出して、「勝負する」
ボタンを押したことにすれば、すぐに勝敗の判定と勝敗の表示が実
行されます。

> Point！
> 実際にボタンを押していなくても、ボタンのイベントハンドラを呼び出
> せば、ボタンを押したときと同じ処理が行われます。P277ページの「リ
> ロードせずにゲームを初期化するには？」と同じ発想です。

clickPickHandler関数（改良版）

```
49  // 「カードを引く」ボタンを押したとき実行する関数
50  function clickPickHandler() {
51    // 勝敗が未決定の場合
52    if (isGameOver == false) {
53      // 自分がカードを引く
54      pickMyCard();
55      // 相手がカードを引く
56      pickComCard();
57      // 画面を更新する
58      updateView();
59      // 自分の合計が21を越えた場合、勝敗判定に移る
60 ❶   if (getTotal(myCards) > 21) {
61 ❷     clickJudgeHandler();
62      }
63    }
64  }
```

カードを引いた直後に
合計を調べよう！

追加する

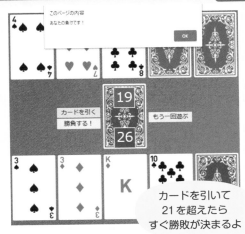

カードを引いて
21を超えたら
すぐ勝敗が決まるよ

いかさまジャック（おまけ）

お疲れ様でした。これで本書の学習は終了です。あれ？　ヒーローがpickComCard関数に怪しいコードを書き足していきましたよ？　いったい何をしたのでしょうか？　カエルくんの代わりにみなさんが不正の仕掛けを読み解いてあげてください。

pickComCard関数（いかさま版）

```
117    // 相手がカードを引く関数
118    function pickComCard() {
119      // 相手のカードの枚数が4枚以下の場合
120      // カードを引くかどうか考える
121      while ( pickAI(comCards) && comCards.length <= 4) {
122        // カードの山（配列）から1枚取り出す
123        let card = cards.pop();
124        // 取り出した1枚を相手のカード（配列）に追加する
125        comCards.push(card);
126      }
127      if (getTotal(comCards)<21) {
128        comCards.push(21 - getTotal(comCards));
129      }
130    }
```

追加する

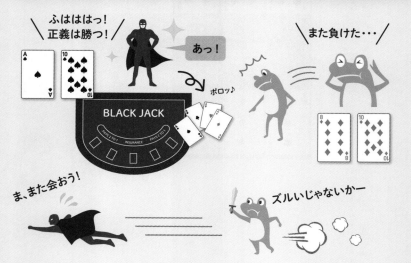

ふはははっ！
正義は勝つ！

あっ！

また負けた・・・

ポロッ♪

BLACK JACK

ま、また会おう！

ズルいじゃないかー

おわりに

　本書を最後までお読みいただき、ありがとうございます。は
じめてJavaScriptに触れた方も、ネットで探したコードをコ
ピーして利用したことがある方も、「筋道を立ててやりかたを
考えていく楽しさ」を実感していただけたなら筆者として嬉し
く思います。

　近年JavaScriptの便利さが見直され、JavaScriptを使って
いないウェブサイトを見つけるほうが難しいくらいですが、
世の中のウェブデザイナーさんたちの中には「サイト制作に
JavaScriptは必要だけどプログラミングの勉強まで手が回らな
い」という方や、「プログラミング系のスクールに入ったけどつ
いていけなかった」という方が大勢いらっしゃいます。そんな
方たちのために、楽しく学んでもらえる入門書を届けたいとい
う思いで執筆させていただいたのがこの本です。

　JavaScriptには本書で紹介しきれなかった応用技術がまだま
だたくさんあります。DOMの操作に特化したjQueryや、Ajax
を利用した非同期通信、promiseオブジェクトを利用した非同
期処理、独自クラスの作り方、ES6+など、基礎を学んだみなさ
んにはぜひ次のステップとして挑戦していただきたい内容です。
本シリーズの続編や別の形であらたな学びを提供させていただ
ける機会があれば幸いです。

　本書で得た知識と経験が、より実践的なプログラミング学習
に進むみなさんの助けになることを願っています。

中田　亨

2021年3月

索引

記号・数字
1 行コメント 66

A
AND 63
Array 152
Array.includes 153
Array.indexOf 153
Array.join 154
Array.pop 156
Array.push 156
Array.shift 156
Array.slice 154
Array.unshift 156
a 要素 186

B
boolean 52
Boolean 56
break 101,112

C
card.length 117
case 101
clickJudgeHandler 関数 270,306
clickPickHandler 関数 268,312
clickResetHandler 関数 276
confirm 177
console.log 35
console オブジェクト 172
Console タブ 32,34
const 50
continue 116
continue 文 116
CSS 204

D
Date 158
Date.toLocaleDateString 162
Date.toLocaleString 162
Date.toLocalTimeString 162
debug 237
debug 関数 278
default 101
document 184
Document Object Model 23,182
document.writeln 37

D (continued)
document オブジェクト 172
Document オブジェクト 182,184
DOM 23,182,200,226

E
ECMAScript 18,28
element.addEventListener 198
Elements タブ 32
ES2015+ 28
ES5 28

F
false 53,56
for 104,106
function 30,122

G
getCardPath 関数 266
getTotal 関数 260

H
h1 要素 185
history オブジェクト 172
HTMLElement オブジェクト 182,188,192
HTMLElement オブジェクトのメソッド .. 190
HTML タグ 23
HTML のツリー構造 32
HTML ファイル 24

I
if 94
if 〜 else 96
if 〜 else if 98
img タグ 226,262
includes メソッド 149
indexOf メソッド 149
item メソッド 186,187

J
Japanese Language Pack 40
JavaScript 18
JS ファイル 24,25,34
judge 関数 272

L
length プロパティ 146,147,152,256
let 48,49,74,84,141

location オブジェクト.................. 172

M

Math 164
Math.random 115,168
Math.round 166

N

navigator オブジェクト 172
new................................ 53,141
NodeList 185,187
NodeList オブジェクト............ 186,262
Number .... .52,54

O

OR 63

P

pickAI 関数...................... 256,258
pickComCard 関数 256
pickMyCard 関数.................... 256
prompt.......................... 176,177
p 要素............................. 185

Q

query.Selector...................... 185
query.SelectorAll 185
querySelector 200
querySelectorAll................. 200,262

S

script タグ 25
setTimeout 310
showResult 関数 274
shuffle 関数......................... 254
slice メソッド 155
Sources タブ 32
src 属性 226,262
String.........................52,55,146
String.includes 148
String.indexOf...................... 148
String.slice......................... 150
String.split......................... 150
switch 100,102

T

true .... .53,56

U

updateView 関数................. 262,304

V

Visual Studio Code 38

W

while............................ 108,110
Window 170
window.alert 176
window.clearInterval 178
window.clearTimeout................ 178
window.confirm 176
window.document 184
window.moveBy 174
window.moveTo 174
window.prompt..................... 176
window.resizeBy.................... 174
window.resizeTo 174
window.scrollBy 174
window.scrollTo 174
window.setInterval.................. 178
window.setTimeout 178,310
Window オブジェクト 144,170,214
Window オブジェクトのプロパティ 172
Window オブジェクトのメソッド 174

あ行

値 84
余り 34
アルゴリズム.......................... 31
イコール........................... 49
イベント 196
イベントドリブン 204,212
イベントハンドラ 196,198,214,248
入れ子 118
インクリメント 60,106
インスタンス 140
インスタンス化 141
インデント 118,244
エクマスクリプト 18
演算子 58
円周率 164,165
オブジェクト....................57,138,140
オブジェクト型 52,53,57
オブジェクト名..................... 142
オブジェクト名 . メソッド名 ()........ 217

か行

カードを引く 208,268
改行 67
拡張機能.......................... 70
掛け算 34,54,60,64

加算式 104	真 56
仮引数 126,304	真偽値型 56
関数 30,57,120,126,130,133,222,264	シングルクォーテーション 53,55
関数オブジェクト 138	数学オブジェクト 144,164
関数スコープ 134	数値 53
関数の定義 122	数値型 52,53,54
関数名 122,130	スコープ 134
関数をコールする 121	スタイルシート 204
関数を呼び出す 121,124	制御構文 56,112
偽 56	正の数 54
キー .84,86,88	絶対値を求めるメソッド 166
兄弟要素 194	セミコロン 68,252
切り上げ 166	全角スペース 70
切り捨て 166	祖先要素 194
組み込みオブジェクト 144	**た行**
クラス 140,141	代入 48,49
クラス名 141	代入演算子 58,64
繰り返し 104,108	タイマーの機能をもつメソッド 178
繰り返しの処理 104	足し算 54,60,64
グローバルスコープ 134,208	多重分岐 118
グローバル変数 135,208,212	ダブルクォーテーション 53,55
コメント 66,118	ツリー構造 23
コメントコーディング 210	定数 50,53
コンストラクタ 141	定数名 50
コンソール 27,32,34,36	データ型 52,53
	テキスト 55
さ行	デクリメント 60,61
最大値・最小値を求めるメソッド 167	デバッグ 237
算術演算子 58,60	デバッグ関数 237
式 62	デフォルト値 306
式を評価する 62	特定の文字を検索するメソッド 148
時刻 162	トランスパイラ 28
字下げ 118	トランスパイル 28
四捨五入 166	
自然対数 164	**な行**
四則演算 54,60	内部オブジェクト 172
子孫要素 195	日本語化 40
実行時のエラー 32	入力補助機能 44
シャッフル 218,254	ノード 23,183
ジャバスクリプト 18	
条件式 94,96,98,104,108	**は行**
条件分岐 94	配列 72,80,82,212
小数 54	配列オブジェクト 144,152
勝敗決定フラグ 232	配列の長さ 117,152
勝負する 208,270	配列の配列 90
初期化 48	配列要素 73,75,76,78,86,88
初期化式 104	配列要素の個数 152
初期値 48,49,50	配列要素の追加と削除 157
初期表示 208	配列要素を検索するメソッド 153
処理の結果を返す関数 130	

配列要素を削除するメソッド............ 156
配列要素を追加するメソッド............ 156
配列を受け取る関数.................... 129
配列を結合するメソッド 154
配列を初期化......................... 74
配列を宣言........................... 74
配列を分割するメソッド 154
端数を処理するメソッド 166
半角カンマ........................... 84
半角スペース......................... 244
比較演算子.........................58,65
引き算 54,60,64
引数 126
引数のデフォルト値 304,306
日付 162
日付オブジェクト 144,158
日付情報を取得・設定するメソッド 160
日付情報を文字列に変換するメソッド ... 162
日付と時刻をつないだ文字列........... 162
非同期処理.......................... 308
評価 62
複合代入演算子....................... 64
複数行コメント....................... 66
複数の条件分岐...................... 100
複数のデータを受け取る関数........... 128
負の数 54
ブラウザの開発ツール 32
ブラウザのコンソール 24,26
フラグ 213
ブラックジャック.................... 202
プリミティブ型...................... 52
ブレークポイント 32
フローチャート 47,298
ブロック............................ 136
プロパティ..................... 140,142
プロパティ名........................ 142
分岐させる条件...................... 94
文法ミス............................ 32
平方根 164
別の要素を取得したい 194,195
変数 47,48,50,53,77,80,108,134
変数宣言 212
変数名 48,49,74,76,78,84,86,88,141

ま行
無限ループ.......................... 108
命令文 68,252
メソッド......................... 140,142
メソッドチェーン 216
メソッドの連鎖 216

メソッド名......................... 142
もう１回遊ぶ.................208,236,276
文字 53
もし～でないなら～する 96
もし～ではなく～なら～する.......... 98
もし～なら～する 94
もしＡなら～する、Ｂなら～する...... 100
文字数 146
文字列 55
文字列演算子........................ 58
文字列オブジェクト 144,146,148
文字列型.........................52,53,55
文字列の長さ........................ 146
文字列を分割するメソッド............ 150
戻り値 130,133

や行
ユーザーと対話するダイアログを表示するメ
ソッド 176
要素数 152
要素内容を読み書きしたい............ 193
要素の属性を読み書きしたい.......... 193
要素番号 73,75,76,78
要素を検索したい.................... 192
要素を削除したい.................... 195
要素を取得したい.................... 192
要素を追加したい.................... 195
予約語 51

ら行
乱数 168
乱数を求める関数.................... 168
リロード............................ 277
リンク 186
ループ 105
ループカウンタ 105,108
連結 55
連想配列................. 82,83,85,86,88
連想配列のキー...................... 92
連想配列の配列要素を取り出す 87
連想配列を宣言...................... 84
連想配列を配列要素に持つ配列........ 90
ローカル変数........................ 135
論理演算子.........................58,63
論理型...........................52,53,56
論理積 63,103
論理和 63,103

わ行
割り算 34,54,60,64

著者略歴

中田　亨（なかた　とおる）

1976年兵庫県高砂市生まれ 神戸電子専門学校 / 大阪大学理学部卒業。ソフトウェア開発会社で約10年間、システムエンジニアとしてWebシステムを中心とした開発・運用保守に従事。独立後、マンツーマンでウェブサイト制作とプログラミングが学べるオンラインレッスンCODEMY（コーデミー）の運営を開始。初心者から現役Webデザイナーまで幅広く教えている。著書に「ITエンジニアになる！　チャレンジPHPプログラミング」「Vue.jsのツボとコツがゼッタイにわかる本」「図解！　HTML&CSSのツボとコツがゼッタイにわかる本」（いずれも秀和システム）などがある。

レッスンサイト https://codemy-lesson.office-ing.net/

カバーイラスト　mammoth.

図解！
JavaScriptのツボとコツが
ゼッタイにわかる本　"超"入門編

発行日	2021年　3月31日	第1版第1刷

著　者　中田　亨

発行者　斉藤　和邦
発行所　株式会社　秀和システム
〒135-0016
東京都江東区東陽2-4-2　新宮ビル2F
Tel 03-6264-3105（販売）　　Fax 03-6264-3094
印刷所　三松堂印刷株式会社

©2021 Tooru Nakata　　　　　　　　　　Printed in Japan
ISBN978-4-7980-6386-7 C3055